ABHANDLUNGEN DER DEUTSCHEN AKADEMIE
DER WISSENSCHAFTEN ZU BERLIN

Klasse für Mathematik, Physik und Technik

Jahrgang 1963 Nr. 4

ALFRED JANTE

DIE GRUNDLAGEN DER FAHRSTABILITÄT

Mitteilung aus der Sektion für Maschinenbau

Mit 41 Abbildungen und 4 Tabellen

AKADEMIE-VERLAG · BERLIN

1963

Vorgelegt von Hrn. Jante in der Klassensitzung vom 21. März 1963

Zum Druck genehmigt am gleichen Tage, ausgegeben am 25. November 1963

Erschienen im Akademie-Verlag GmbH, Berlin W 8, Leipziger Straße 3—4

Lizenznummer: 202 · 100/861/63
Gesamtherstellung: VEB Druckerei „Thomas Müntzer" Bad Langensalza
Bestellnummer: 2001/63/I/4 · ES 20 C 4 · Preis: DM 10,30

INHALT

1. Die Übertragung von Umfangs- und Seitenkräften durch die Reifen

Alle Kräfte des Kraftwagens werden über die Reifen auf die Fahrbahn übertragen. Das gilt nicht nur für die Schwerkraft, das Wagengewicht, sondern auch für die Antriebs- und Bremskräfte ebenso wie für die Seitenkräfte, die sich aus Änderungen der Fahrtrichtung, aus Querneigungen der Fahrbahn oder aus seitlichen Windkraftkomponenten ergeben.

Wegen der Elastizität der Reifen sind Kraftübertragungen stets mit entsprechenden elastischen Verformungen der Reifen verbunden. Für die Übertragung von Umfangskräften, zum Beispiel für den Antrieb, zeigt Abb. 1 ein Rad, das im unbelasteten Zustand mit radialen Strahlen versehen wurde. Durch die Umfangskraft ergab sich eine Auslenkung der Strahlen, deren Umfangspunkte vor der Bodenberührungsfläche, dem sogenannten Latsch, dadurch näher zusammengeführt werden, während sie hinter dem Latsch auseinandergezogen werden. Die Auswirkung wurde im rechten Teilbild nochmal vergrößert herausgezeichnet. Die Umfangsgeschwindigkeit u des Reifens wird zu einem Teil Δu durch elastische Formänderung abgebaut, so daß als translatorische Geschwindigkeit der Achse $w = u - \Delta u$ verbleibt. Allgemein wird das Verhältnis $\Delta u/w$ als Schlupf s bezeichnet. Im Falle der Abb. 1 handelt es sich um den sogenannten Formänderungsschlupf, dem sich bei wachsendem Schlupf noch ein Gleitschlupf überlagert, um dann schließlich auf reines Gleiten überzugehen. In Abb. 2 ist links unter der Schlupf-Abszisse die Aufteilung von Δu auf Formänderung, schwarze Fläche, und auf Gleiten, schraffierte Fläche, dargestellt. Darüber sind die dabei verfügbaren Kraftschlußbeiwerte $\mu = U/Q$ mit U = Umfangskraft und Q = Radbelastung, aufgetragen. Man sieht daraus:

„*Ohne Schlupf keine Umfangskraftübertragung*".

Ferner erkennt man vom Koordinatenursprung aus zunächst ein starkes Ansteigen bis zu einem Maximum, dem sogenannten Haftbeiwert μ_h. Mit weiter ansteigendem Schlupf geht der Kraftschlußbeiwert ohne stabile Zwischenwerte sofort auf den Gleitbeiwert μ_g über, der sich mit der Gleitgeschwindigkeit noch ändern kann. Im rechten Teil der Abb. 2 sind um den Latschmittelpunkt die Kraftschlußkreise für Haft- und Gleitbeiwert eingetragen. Wird nun z. B. eine Bremskraft B übertragen, so kann gleichzeitig noch eine beachtliche Seitenkraft S aufgenommen werden. Wenn aber die Seitenkraft den äußeren Kraftschlußkreis überschreitet, fällt sogleich der Kraftschluß von $\mu_h \cdot Q$ auf $\mu_g \cdot Q$ ab, der jedoch schon durch die Bremskraft B voll beansprucht wurde. Das Rad blockiert, womit jede Führungswirkung fortfällt; vielmehr ist jetzt $B = \mu_g \cdot Q$ immer nur der jeweiligen Gleitrichtung entgegengerichtet. Diese Zusammensetzung von Bremskräften und Seitenkräften wird durch Messungen von Tschudakow [1] bestätigt, Abb. 3. Durch jeweils konstanten Schräglaufwinkel δ wurde eine konstante Seitenkraft erzeugt und dann das Rad mit wachsender Bremskraft gebremst. Bei Erreichen des Kraftschlußkreises $\mu_h \cdot Q$ verlaufen alle Meßwerte längs dieses Kreises, wobei sich die Streuungen der Meßpunkte aus der Kuppe der μ-Kurve bei μ_h ergeben.

Wird ein bereiftes Rad mit der Traglast Q senkrecht zur Fahrbahn belastet und beim Abrollen auf der Fahrbahn einer Seitenkraft S ausgesetzt, Abb. 4, so kommen am Latschanfang immer wieder unausgelenkte Umfangspartien mit der Fahrbahn in Berührung, die dann durch die Seitenkraft seitlich verschoben werden, so daß sich eine resultierende Bewegung der Radmittelebene in Richtung R ergibt, die gegenüber ihrer Spur $a - a$ um den Schräglaufwinkel δ verdreht ist. δ wird auch Drift-, Schwimm- oder Seitenwinkel genannt. Im unteren Diagramm ist gezeigt, wie mit zunehmender Auslenkung auch die Seitenkraftanteile im Latsch zunehmen, so daß die resultierende Seitenkraft S im Latsch um das Maß t hinter der Achsprojektion angreift. Das so erzeugte Rückstellmoment $S \cdot t$ ist bestrebt, die Reifenmittelebene in die Richtung R der resultierenden Bewegung zu drehen. Abb. 5 zeigt, wie sich die seitliche Auslenkung über der Latschlänge L aus der elastischen Verformung E und der Bewegung B relativ zur Fahrbahn zusammensetzt. Die Seitenabweichungen wurden gegenüber der Latschlänge 20fach überhöht gezeichnet, so daß das Beispiel von Abb. 5 einem Schräglaufwinkel von nur 3° entspricht. Als Ergebnis von Schräglaufmessungen sind in Abb. 6 die Seitenkräfte über den Driftwinkeln für jeweils konstante Radlasten Q aufgetragen und in Abb. 7 die Verhältnisse S/Q über dem Driftwinkel, wobei zu den Radlasten Q noch verschiedene Reifenluft-Überdrücke angegeben wurden. Analog dem Umfangsschlupf s läßt sich auch ein Seitenschlupf s' definieren als Verhältnis von Seitengeschwindigkeit zur translatorischen Geschwindigkeit. Es gilt dann $s' = \tan \delta$. Die Seitenschlupfwerte wurden in Abb. 7 zusätzlich für die δ-Abszisse angegeben. Durch den inneren Aufbau der Reifen lassen sich die S/Q-Kurven über δ beeinflussen, wie es Abb. 8a zeigt. Es handelt sich dabei um den Anstieg der S/Q-Werte über kleinen Driftwinkeln. Der Gesamtverlauf des Seitenkraftbeiwertes S/Q über dem Seitenschlupf s' ist in Abb. 8b gezeigt. Analog zur Umfangs-Kraftschlußbeiwert-Kurve von Abb. 2 ist hier auch der Anstieg bis zum Maximum nur vom Seitenschlupf abhängig, während die Werte bei großem Schlupf dann von der Seiten-Gleitgeschwindigkeit abhängen. Es muß besonders darauf hingewiesen werden, daß durch die Reifenkonstruktion zwar die Steilheit des Anstieges von S/Q beeinflußt werden kann, jedoch kaum das Maximum von S/Q. Beim Gürtelreifen hat man also zunächst mit kleineren Driftwinkeln zu rechnen, bei weiterem Ansteigen der Seitenkraft überschreitet er aber bei demselben Wert von S/Q den Seiten-Haftbeiwert wie jeder andere Reifen. Analog zur Übertragung von Umfangskräften gilt auch hier allgemein:

„*Ohne Seitenschlupf oder ohne Schräglauf keine Seitenkraftübertragung*!"

2. Über das Lenkverhalten

Bei der Kurvenfahrt treten Fliehkräfte auf, die zu Schräglaufwinkeln an allen 4 Rädern führen. So kommt es, daß der geometrische Kurvenmittelpunkt M_0, Abb. 9, beispielsweise nach M_s auswandert. Da sich der Wagen jeweils nur um einen einzigen Momentanpol M_s drehen kann, so sind damit auch die Beziehungen zwischen den Driftwinkeln vorne außen δ_{V_a}, vorne innen δ_{V_i}, hinten außen δ_{H_a} und hinten innen δ_{H_i} gegeben, die sich der normalen Lenkgeometrie [2] mit den Lenkwinkeln außen λ_a und innen λ_i überlagern. Um die Verhältnisse leichter übersehbar zu gestalten, werden die beiden Räder einer Achse zu einem ideellen Ersatzrad in Fahrzeuglängsachse zusammengefaßt, so daß für das Einspur-Ersatzschema nur noch ein Lenkwinkel λ und die Driftwinkel vorn δ_V und hinten δ_H zu verfolgen sind. Wie aus Abb. 9 zu erkennen ist, ändern sich dadurch weder der geometrische Kurvenmittelpunkt M_0 noch der Momentanpol M_s.

Für das Einspur-Ersatzschema mit dem Lenkwinkel λ und dem geometrischen Kurvenmittelpunkt M_0 ergeben sich nun nach Abb. 10 verschiedene Möglichkeiten für die Lage des Momentanpoles M_s. Beschränkt man sich dabei auf den normalen Fall positiver Driftwinkel, so ergeben sich damit 3 Möglichkeiten

$$\delta_H < \delta_V \text{ untersteuernd,}$$

$$\delta_H = \delta_V \text{ neutral,}$$

$$\delta_H > \delta_V \text{ übersteuernd.}$$

Für den Fall $\delta_H = \delta_V$ erkennt man, daß M_s auf dem Halbkreis über $V - M_0$ liegt. Besonders in dem Bereich normaler Driftwinkel bis etwa 6° bleibt dabei der Kurvenradius praktisch unverändert [2], so daß man hier von neutralem Lenkverhalten spricht.

Ist $\delta_h < \delta_V$, so liegt M_s außerhalb des Halbkreises über $V - M_0$. Der Kurvenradius wird also größer als der zu M_0 gehörige. Man sagt dann, daß der Wagen lenkunwillig oder untersteuernd ist, weil man stärker einschlagen muß als geometrisch erforderlich wäre.

Für $\delta_H > \delta_V$ liegt M_s innerhalb der Halbkreisfläche, womit sich ein kleinerer Kurvenradius ergibt gegenüber dem geometrischen um M_0. Man braucht für einen gewünschten Kurvenradius also einen kleineren Lenkwinkel als geometrisch erforderlich wäre. Der Wagen ist lenkwillig oder übersteuernd.

Für normale Fahrzustände liegt das Feld für M_s innerhalb des eng geteilten Gebietes von 0 bis 10°. Wird dieses Gebiet überschritten, dann beginnt das Schleudern; es ist dann im allgemeinen keine Fahrstabilität mehr gegeben. Nach Angaben von Daimler-Benz [3] wird folgendes Eigenlenkverhalten angestrebt:

„Unter der Voraussetzung gleichbleibend guter Reibungsverhältnisse zwischen Reifen und Fahrbahn soll ein Pkw bei kleinen Kurvenbeschleunigungen eine der Neutralität möglichst nahe, aber doch eindeutige Untersteuerungstendenz zeigen, um einen stabilen Geradeauslauf zu erreichen. — Mit steigender Kurvenbeschleunigung soll diese Kurvenscheu langsam abnehmen, um bei Kurvenbeschleunigungen, die sich allmählich der Schleudergrenze nähern, ebenso langsam in ein übersteuerndes Eigenverhalten überzugehen. Wir halten es der Fahrsicherheit wegen für unbedingt erforderlich, daß auch beim Schleudern die Haftreibung der gelenkten Vorderräder erhalten bleibt, d. h. daß ein Pkw im Extremfall übersteuert, denn nur dann können durch die noch möglichen Lenkkorrekturen kritische Situationen gemeistert werden."

3. Die kritische Fahrgeschwindigkeit

3.1 Ansätze für die Seitenkraft

Im Abschnitt 1 waren in den Abb. 6 und 7 Ergebnisse von Seitenkraftuntersuchungen dargestellt. Für die Berechnung der Fahrstabilität kann Proportionalität zwischen Seitenkraft S und Schräglaufwinkel δ angenommen werden, was genau zwar nur für kleine Winkel zutrifft. Es sind nun 2 verschiedene Ansätze üblich:

1. Vgl. Abb. 7

$$\delta = c \cdot \frac{S}{Q}, \qquad c = \delta \cdot \frac{Q}{S}, \qquad \frac{S}{\delta} = \frac{Q}{c}. \tag{1}$$

2. Vgl. Abb. 6

$$S = k \cdot \delta, \qquad k = \frac{S}{\delta}, \qquad \frac{S}{\delta} = k. \tag{2}$$

Aus der Gleichsetzung ergibt sich $\frac{Q}{c} = k$ oder

$$c \cdot k = Q. \tag{3}$$

Trägt man die Meßwerte c von Schräglaufversuchen für einen Reifen bei konstantem Luftdruck über Q_1 auf, so ergibt sich angenähert eine gerade Linie mit der Gleichung

$$c_1 = r_{0_1} + r_{1_1} \cdot Q_1. \tag{4}$$

Damit wird dann

$$k_1 = \frac{Q_1}{r_{0_1} + r_{1_1} \cdot Q_1}. \tag{5}$$

Diese Beziehungen gelten für den einzelnen Reifen, weshalb in (4) und (5) der Index 1 ergänzt wurde. Da das Wagen-Ersatzschema die beiden Räder einer Achse zusammenfaßt, so gilt für die Achse

$$S_a = 2 \cdot S_1 \quad \text{und} \quad Q_a = 2 \cdot Q_1.$$

Damit wird für die Achse

$$c_a = \delta \cdot \frac{Q_a}{S_a} = \delta \cdot \frac{2 \cdot Q_1}{2 \cdot S_1} = c_1 \tag{6}$$

und

$$S_a = 2 \cdot k_1 \cdot \delta = 2 \cdot \frac{Q_1}{r_{0_1} + r_{1_1} \cdot Q_1} \cdot \delta, \qquad S_a = \frac{Q_a}{r_{0_1} + \frac{r_{1_1}}{2} \cdot Q_a} \cdot \delta.$$

Mit $r_0 = r_{0_1}$ und $r_1 = r_{1_1}/2$ wird dann für die Achse

$$k = \frac{Q}{r_0 + r_1 \cdot Q}. \tag{7}$$

Aus Abb. 6 lassen sich folgende Werte entnehmen, wenn man die Nullpunktstangenten an die Kurven anlegt und dafür die S-Werte bei $\delta = 0{,}1$ oder $\delta = 5{,}73°$ abliest:

Für $Q_1 = 100$ kp wird $k_1 = \frac{S_1}{\delta} = \frac{125}{0{,}1} = 1250$ und für $Q_2 = 300$ kp wird $k_2 = \frac{S_2}{\delta} = \frac{200}{0{,}1} = 2000$.

Nach (5) ist dann

$$k_1 = \frac{Q_1}{r_0 + r_{1_1} \cdot Q_1} \quad \text{und} \quad k_2 = \frac{Q_2}{r_0 + r_{1_1} \cdot Q_2}$$

und daraus

$$r_0 = \frac{Q_1}{k_1} - r_{1_1} \cdot Q_1 \quad \text{und} \quad r_0 = \frac{Q_2}{k_2} - r_{1_1} \cdot Q_2 \,.$$

Beide Ausdrücke gleichgesetzt und nach r_{1_1} aufgelöst, ergibt

$$r_{1_1} = \frac{k_1 \cdot Q_2 - k_2 \cdot Q_1}{k_1 \cdot k_2 \cdot (Q_2 - Q_1)} = \frac{1250 \cdot 300 - 2000 \cdot 100}{1250 \cdot 2000 \cdot (300 - 100)}, \qquad r_{1_1} = 0{,}35 \cdot 10^{-3} \,.$$

Damit wird

$$r_0 = \frac{Q_1}{k_1} - r_{1_1} \cdot Q_1 = \frac{100}{1250} - \frac{0{,}35 \cdot 100}{1000}$$

und für die Achse dann

$$r_0 = 0{,}045 \text{ und } r_1 = 0{,}175 \cdot 10^{-3} \,,$$

ferner

$$c = r_0 + r_1 \cdot Q \tag{6a}$$

und

$$k = \frac{Q}{r_0 + r_1 \cdot Q} \,. \tag{7a}$$

Für das eben benutzte Beispiel ergeben sich nach Abb. 11 die c- und k-Verläufe über der Achsbelastung Q.

3.2 Verteilung von Seitenkräften und Belastungen auf die Achsen

Durch die Kurvenfahrt um M_s wird eine Fliehkraft $F = m \cdot v^2/R$ erzeugt, die in ihrer Richtung um den kleinen Winkel σ von der Normalen zur Fahrzeuglängsachse abweicht, Abb. 12. Senkrecht zur Fahrzeuglängsachse wirkt dann die Komponente $F \cdot \cos\sigma$. Da nun σ sehr klein ist, kann man $\cos\sigma = 1$ setzen und bekommt für die im Schwerpunkt angreifende Seitenkraft S

$$S = \frac{m \cdot v^2}{R} \,. \tag{8}$$

Diese Seitenkraft S verteilt sich auf die Vorderachse S_V und die Hinterachse S_H nach Abb. 12 zu

$$S_V = S \cdot \frac{a_H}{a} \quad \text{und} \quad S_H = S \cdot \frac{a_V}{a}, \tag{9}$$

wobei außerdem gilt

$$S = S_V + S_H \,. \tag{10}$$

Die Fahrzeuglast Q verteilt sich auch auf die Vorderachse Q_V und die Hinterachse Q_H, so daß gilt

$$Q_V + Q_H = Q \cdot \cos\alpha \,. \tag{11}$$

Auf Steigungen wirkt der Steigungswiderstand $Q \cdot \sin\alpha$ und bei beschleunigter Fahrt noch die Massenkraft $m \cdot b$ in Fahrzeuglängsachse durch den Schwerpunkt, außerdem in der Höhe h_L noch der Luftwiderstand W_L. Für den Drehpunkt H unter der Hinterachse gilt das Momentengleichgewicht, vgl. Abb. 13,

$$a_H \cdot Q \cdot \cos\alpha - h \cdot Q \cdot \sin\alpha - h \cdot m \cdot b - h_L \cdot W_L - a \cdot Q_V = 0\,. \tag{12}$$

Mit

$$m = Q/g \quad \text{und} \quad W_L = 0{,}1 \cdot f_L \cdot Q \cdot \left(\frac{v}{40}\right)^2, \tag{13, 14}$$

worin f_L die spezifische Staufläche in m²/Mp

$$f_L = 1000 \cdot \frac{c \cdot F}{Q} \tag{15}$$

mit F = Fahrzeugquerschnitt als Projektion in Fahrtrichtung in m² und c = Luftwiderstandsbeiwert

$$c = \frac{W_L}{F \cdot \left(\frac{v}{4}\right)^2}, \tag{15a}$$

ergibt sich dann aus Gleichung (12)

$$Q_V = Q \cdot \left[\frac{a_H}{a} \cdot \cos\alpha - \frac{h}{a} \cdot \sin\alpha - \frac{h}{a} \cdot \frac{b}{g} - \frac{f_L}{10} \cdot \frac{h_L}{a} \cdot \left(\frac{v}{40}\right)^2\right]. \tag{16}$$

Für den Drehpunkt V unter der Vorderachse gilt

$$a_V \cdot Q \cdot \cos\alpha + h \cdot Q \cdot \sin\alpha + h \cdot m \cdot b + h_L \cdot W_L - a \cdot Q_H = 0\,. \tag{17}$$

Mit (13) und (14) ergibt sich daraus

$$Q_H = Q \cdot \left[\frac{a_V}{a} \cdot \cos\alpha + \frac{h}{a} \cdot \sin\alpha + \frac{h}{a} \cdot \frac{b}{g} + \frac{f_L}{10} \cdot \frac{h_L}{a} \cdot \left(\frac{v}{40}\right)^2\right]. \tag{18}$$

In den Gleichungen (16) und (18) ist das Glied, das den Luftwiderstand berücksichtigt $\frac{f_L}{10} \cdot \frac{h_L}{a} \cdot \left(\frac{v}{40}\right)^2$ gegenüber den anderen Einflüssen relativ klein, so daß es hier vernachlässigt werden soll. Aus den Gleichungen (16) und (18) wird dann

$$\frac{Q_V}{Q \cdot \cos\alpha} = \frac{a_H}{a} - \frac{h}{a} \cdot \left(\frac{b}{g \cdot \cos\alpha} + \tan\alpha\right), \tag{16a}$$

$$\frac{Q_H}{Q \cdot \cos\alpha} = \frac{a_V}{a} + \frac{h}{a} \cdot \left(\frac{b}{g \cdot \cos\alpha} + \tan\alpha\right). \tag{18a}$$

Wird die Untersuchung auf die horizontale Fahrbahn oder $\alpha = 0$ beschränkt, so vereinfachen sich die Gleichungen weiter zu

$$\frac{Q_V}{Q} = \frac{a_H}{a} - \frac{h}{a} \cdot \frac{b}{g}, \tag{16b}$$

$$\frac{Q_H}{Q} = \frac{a_V}{a} + \frac{h}{a} \cdot \frac{b}{g}. \tag{18b}$$

Mit diesen Gleichungen sollen für 3 *Beispiele* eines Wagens mit unterschiedlicher Schwerpunktlage die Achslasten ermittelt werden. Die gemeinsamen Werte der 3 Beispiele sind $Q = 1000$ kp; $S = 200$ kp; $a = 2$ m; $h = 1$ m. Die Schwerpunktsabstände und die damit aus den Formeln (9) berechneten Seitenkräfte an Vorder- und Hinterachse gibt die *Tabelle 1.* Während die Seitenkraftverteilung für jedes der Beispiele jeweils konstant ist, ändern sich die Achslasten mit den Beschleunigungen nach Abb. 14.

Infolge der extremen Schwerpunktlagen ergeben sich für die Beispiele 1 und 2 schon für $b = -5$ bzw. $b = 5$ vollkommene Achsentlastungen.

Tabelle 1

Beispiel	1	2	3	Dim.
a_V	1,5	1,0	0,5	m
a_H	0,5	1,0	1,5	m
S_V	50	100	150	*k*p
S_H	150	100	50	*k*p

Um nun den zusätzlichen Einfluß von Steigungen oder Gefällen beurteilen zu können, möge man sich vergegenwärtigen, daß für die maximal vorkommenden Steigungen von $\tan\alpha = 30\%$ der zugehörige Wert $\cos\alpha > 0{,}957$ ist, daß man also, wenn $\cos\alpha = 1$ gesetzt wird, nur einen Fehler unter 5% begeht. Unter dieser Voraussetzung kann man dann einfach zu b/g den Wert von $\tan\alpha$ addieren, um die Summe der Gesamtwirkungen im Beschleunigungsmaßstab zu erhalten. Dabei tragen Beschleunigung und Steigung das positive Vorzeichen.

3.3 Die Ableitung der kritischen Geschwindigkeit

Abb. 15 zeigt das Einspur-Ersatzschema des Kraftwagens in einer Kurve, deren Mittelpunkt infolge der Schräglaufwinkel der Räder von M_0 nach M_S ausgewandert ist. Da der Kurvenradius R im Verhältnis zum Achsabstand a sehr groß ist, kann gesetzt werden

$$a = R \cdot (\lambda + \delta_H - \delta_V)\,. \tag{19}$$

Nach Gleichung (1) ergeben sich die Schräglaufwinkel für Vorder- und Hinterachse zu

$$\delta_V = c_V \cdot \frac{S_V}{Q_V} \quad \text{und} \quad \delta_H = c_H \cdot \frac{S_H}{Q_H}\,.$$

Werden dort die Gleichungen (9), (16a) und (18a) eingesetzt, so ergeben sich

$$\delta_V = \frac{S}{Q \cdot \cos\alpha} \cdot \frac{c_V}{1 - \frac{h}{a_H} \cdot \left(\frac{b}{g \cdot \cos\alpha} + \tan\alpha\right)} \tag{20}$$

und

$$\delta_H = \frac{S}{Q \cdot \cos\alpha} \cdot \frac{c_H}{1 + \frac{h}{a_V} \cdot \left(\frac{b}{g \cdot \cos\alpha} + \tan\alpha\right)}\,. \tag{21}$$

Wird Gleichung (19) nach R aufgelöst, so ergibt sich

$$R = \frac{a}{\lambda + \delta_H - \delta_V}\,, \tag{22}$$

während sich R aus Formel (8) unter Berücksichtigung von (13) ergibt zu

$$R = \frac{v^2}{g} \cdot \frac{Q}{S}\,. \tag{23}$$

Aus der Gleichsetzung von (22) und (23) wird

$$v^2 = \frac{S}{Q} \cdot \frac{a \cdot g}{\lambda + \delta_H - \delta_V}\,. \tag{24}$$

Nun ist es klar, daß solche Fahrzustände kritisch werden können, bei denen sich ohne Lenkeinschlag beliebige Kurvenradien R ergeben. Wenn man in (24) $\lambda = 0$ setzt, dann kann v als kritische Geschwindigkeit v_{krit} bezeichnet werden

$$v_{\text{krit}}^2 = \frac{S}{Q} \cdot \frac{a \cdot g}{\delta_H - \delta_V}. \tag{25}$$

Mit (20) und (21) wird daraus

$$v_{\text{krit}} = \sqrt{\frac{a \cdot g \cdot \cos\alpha}{\dfrac{c_H}{1 + \dfrac{h}{a_V} \cdot \left(\dfrac{b}{g \cdot \cos\alpha} + \tan\alpha\right)} - \dfrac{c_V}{1 - \dfrac{h}{a_H} \cdot \left(\dfrac{b}{g \cdot \cos\alpha} + \tan\alpha\right)}}}. \tag{26}$$

3.4 Beispiele zur kritischen Geschwindigkeit

Für die 3 Beispiele aus Abschnitt 3.2 wurden nun für horizontale Fahrbahn ($\alpha = 0$) die Driftwinkel nach den Gleichungen (20) und (21) unter Verwendung des c-Wertes nach Formel (6a) mit den dort ermittelten Werten für r_0 und r_1 berechnet. Ferner wurde nach (26) die kritische Fahrgeschwindigkeit berechnet. Die Ergebnisse sind in Abb. 16 für die 3 Beispiele über b aufgetragen. An den Stellen, wo $\delta_H = \delta_V$ ist, wird nach (25) $v_{\text{krit}} = \infty$, um dann dort wo $\delta_H > \delta_V$ ist, auf endliche Werte herunterzukommen. Dabei wird die kritische Geschwindigkeit um so kleiner, je größer die Differenz $\delta_H - \delta_V$ oder je größer die Verzögerung $-\,b$ wird. Endliche kritische Fahrgeschwindigkeiten treten also nur im Gebiet der Übersteuerung auf, dagegen nicht beim neutralen und untersteuernden Fahrzeug.

Für $\alpha = 0$ und $b = 0$ gibt Abb. 17 die kritische Geschwindigkeit für verschiedene Radstände über der Differenz $c_H - c_V$.

4. Die einfachen Drehschwingungsgleichungen und ihre Lösungen

Wenn sich der translatorischen Bewegung eines Kraftwagens, d. h. der geradlinig fortschreitenden Bewegung, eine Drehbewegung um seinen Schwerpunkt (parallel zur Fahrbahnebene) überlagert, so kann das zum Schleudern führen. Dabei erzeugen die Reifen über den Schräglauf gleichzeitig Seiten-Federungs- und Dämpfungskräfte, die, zusammen mit den Trägheitskräften, ein Drehschwingungssystem bilden. Es ist daher zweckmäßig, zunächst die allgemeinen Gesetze der Drehschwingung als Vergleichsgrundlage zusammenzustellen.

4.1 Die homogene Differentialgleichung der Drehschwingung mit Dämpfung und ihre allgemeine Lösung

Ist nach Abb. 18 eine Masse über eine Drehstabfeder drehbar aufgehängt, so kann sie um ihre Achse Drehschwingungen ausführen. Das Drehmoment der Schwungmasse ist $M_i = J \cdot \ddot{\varphi}$ und das Drehmoment der Drehfeder $M_c = c \cdot \varphi$. Dieses Drehschwingungssystem wird durch ein Dämpfungsmoment $M_r = r \cdot \dot{\varphi}$ gedämpft, wobei das Dämpfungsmoment der Dreh-Winkelgeschwindigkeit proportional gesetzt wird. Damit ergibt sich dann das Drehmomentengleichgewicht zu

$$-M_i - M_r - M_c = 0\,.$$

Werden dort die eben angegebenen Ausdrücke für die einzelnen Momente eingesetzt, dann erhält man die homogene Differentialgleichung der Drehschwingung mit Dämpfung

$$J \cdot \ddot{\varphi} + r\,\dot{\varphi} + c \cdot \varphi = 0\,. \tag{27}$$

Darin bedeutet

J das Massenträgheitsmoment in kp · m · s²,
r die Dämpfungskonstante in kp · m · s/rad,
c die Federkonstante der Drehfeder in kp · m/rad,
φ der Winkelausschlag in rad,
$\dot{\varphi}$ die 1. } Ableitung von φ nach
$\ddot{\varphi}$ die 2. } der Zeit t.

Für Gleichung (27) ergibt sich ein erster Lösungsansatz zu

$$\varphi = e^{\alpha \cdot t}\,; \qquad \dot{\varphi} = \alpha \cdot e^{\alpha \cdot t}\,; \qquad \ddot{\varphi} = \alpha^2 \cdot e^{\alpha \cdot t}\,. \tag{28}$$

(28) in (27) eingesetzt, ergibt

$$J \cdot \alpha^2 \cdot e^{\alpha \cdot t} + r \cdot \alpha \cdot e^{\alpha \cdot t} + c \cdot e^{\alpha \cdot t} = 0$$

oder nach Kürzen mit $J \cdot e^{\alpha \cdot t}$ die quadratische Gleichung

$$\alpha^2 + \frac{r}{J} \cdot \alpha + \frac{c}{J} = 0 \tag{29}$$

mit den Lösungen

$$\alpha_1 = -\frac{r}{2\cdot J} + \sqrt{\left(\frac{r}{2\cdot J}\right)^2 - \frac{c}{J}}\,, \qquad \alpha_2 = -\frac{r}{2\cdot J} - \sqrt{\left(\frac{r}{2\cdot J}\right)^2 - \frac{c}{J}}\,. \tag{30}$$

Für die Gleichungen (30) ergeben sich 3 Möglichkeiten, je nachdem die beiden Größen unter der Wurzel unterschiedlich oder gleich sind. Es bedeutet

$$\nu_1 = \frac{r}{2\cdot J} \tag{31}$$

den Dämpfungsfaktor und

$$\omega_0 = \sqrt{\frac{c}{J}} \tag{32}$$

die Kreisfrequenz der ungedämpften Schwingung. Damit lassen sich die Gleichungen (30) auch schreiben

$$\alpha_1 = -\nu_1 + \sqrt{\nu_1^2 - \omega_0^2}\,, \qquad \alpha_2 = -\nu_1 - \sqrt{\nu_1^2 - \omega_0^2}\,. \tag{30a}$$

Mit dem Begriff der Dämpfung D

$$D = \frac{\nu_1}{\omega_0} \tag{33}$$

wird dann aus den Gleichungen (30a)

$$\alpha_1 = \omega_0 \cdot \left(-D + \sqrt{D^2 - 1}\right), \qquad \alpha_2 = \omega_0 \cdot \left(-D - \sqrt{D^2 - 1}\right). \tag{30b}$$

Damit können die verschiedenen Lösungen auch durch die Größe von D charakterisiert werden.

4.2 Die speziellen Lösungen

4.21 Die Lösung für $D > 1$

Für $D > 1$ ergibt sich unter der Wurzel ein positiver Wert und damit 2 reelle Lösungen für α. Die allgemeine Lösung der Differentialgleichung (27) ist

$$\varphi = A_1 \cdot e^{\alpha_1 \cdot t} + B_1 \cdot e^{\alpha_2 \cdot t}\,. \tag{34}$$

Der Anfangszustand für $t = 0$ soll dafür sein

$$\varphi = 0 \quad \text{und} \quad \dot{\varphi} = \dot{\varphi}_0\,.$$

Mit diesen Werten wird aus (34) für $t = 0$

$$\varphi = 0 = A_1 \cdot e^0 + B_1 \cdot e^0 \quad \text{oder} \quad A_1 = -B_1\,. \tag{35}$$

Aus (34) ergibt sich die 1. Ableitung nach der Zeit

$$\dot{\varphi} = A_1 \cdot \alpha_1 \cdot e^{\alpha_1 \cdot t} + B_1 \cdot \alpha_2 \cdot e^{\alpha_2 \cdot t}\,. \tag{36}$$

Für $t = 0$ und $\dot{\varphi} = \dot{\varphi}_0$ wird daraus

$$\dot{\varphi}_0 = A_1 \cdot \alpha_1 + B_1 \cdot \alpha_2$$

und daraus mit (35)

$$\dot{\varphi}_0 = A_1 \cdot (\alpha_1 - \alpha_2) \quad \text{oder} \quad A_1 = \frac{\dot{\varphi}_0}{\alpha_1 - \alpha_2}\,. \tag{37}$$

Damit wird aus (34)

$$\varphi = \frac{\dot{\varphi}_0}{\alpha_1 - \alpha_2} \cdot e^{\alpha_1 \cdot t} - \frac{\dot{\varphi}_0}{\alpha_1 - \alpha_2} \cdot e^{\alpha_2 \cdot t}$$

oder

$$\varphi = \frac{\dot{\varphi}_0}{\alpha_1 - \alpha_2} \cdot (e^{\alpha_1 \cdot t} - e^{\alpha_2 \cdot t}) . \tag{38}$$

Mit dem Faktor des überaperiodisch gedämpften Vorganges ν_3

$$\nu_3 = \sqrt{\nu_1^2 - \omega_0^2} \tag{39}$$

und Gleichung (31) wird dann

$$\alpha_1 = -\nu_1 + \nu_3 , \qquad \alpha_2 = -\nu_1 - \nu_3 , \qquad \alpha_1 - \alpha_2 = 2 \cdot \nu_3 \tag{40}$$

und damit aus (38) schließlich

$$\varphi = \frac{\dot{\varphi}_0}{2 \cdot \nu_3} \cdot e^{-\nu_1 \cdot t} \cdot (e^{\nu_3 \cdot t} - e^{-\nu_3 \cdot t}) . \tag{41}$$

Es ist dies die Gleichung für den überperiodischen Vorgang. Eine durch $\dot{\varphi}_0$ gegebene Anfangsstörung führt also nicht zu einer Drehschwingung, sondern nur zu einem Rückgang des Winkelausschlages auf Null.

4.22 Die Lösung für $D < 1$

Für $D < 1$ ergibt sich unter der Wurzel der Gleichungen (30b) ein negativer Wert, und damit ergeben sich für α zwei komplexe Lösungen. Geht man auf die Gleichungen (30a) zurück, so heißt das, daß jetzt $\omega_0 > \nu_1$ wird. Mit der Kreisfrequenz ν_2 der gedämpften Schwingung

$$\nu_2 = \sqrt{\omega_0^2 - \nu_1^2} \tag{42}$$

wird dann aus den Gleichungen (30a)

$$\alpha_1 = -\nu_1 + i \cdot \nu_2 , \qquad \alpha_2 = -\nu_1 - i \cdot \nu_2 . \tag{43}$$

Die allgemeine Lösung (34) wird damit zu

$$\varphi = e^{-\nu_1 \cdot t} \cdot (A_1 \cdot e^{i \cdot \nu_2 \cdot t} + B_1 \cdot e^{-i \cdot \nu_2 \cdot t}) . \tag{44}$$

Nach den EULERschen Formeln ist

$$e^{i \nu_2 \cdot t} = \cos \nu_2 \cdot t + i \cdot \sin \nu_2 \cdot t , \qquad e^{-i \cdot \nu_2 \cdot t} = \cos \nu_2 \cdot t - i \cdot \sin \nu_2 \cdot t . \tag{45}$$

(45) in (44) eingesetzt, ergibt

$$\varphi = e^{-\nu_1 \cdot t} \cdot [A_1 \cdot \cos \nu_2 \cdot t + A_1 \cdot i \cdot \sin \nu_2 \cdot t + B_1 \cdot \cos \nu_2 \cdot t - B_1 \cdot i \cdot \sin \nu_2 \cdot t] ,$$

$$\varphi = e^{-\nu_1 \cdot t} \cdot [(A_1 + B_1) \cdot \cos \nu_2 \cdot t + i \cdot (A_1 - B_1) \cdot \sin \nu_2 \cdot t] .$$

Mit

$$A_1 + B_1 = A \quad \text{und} \quad i \cdot (A_1 - B_1) = B \tag{46}$$

wird daraus

$$\varphi = e^{-\nu_1 \cdot t} (A \cdot \cos \nu_2 \cdot t + B \cdot \sin \nu_2 \cdot t) . \tag{47}$$

Für $t = 0$ soll $\varphi = 0$ sein, also

$$\varphi = 0 = e^0 \cdot (A \cdot \cos 0 + B \cdot \sin 0) , \qquad 0 = 1 \cdot (A \cdot 1 + B \cdot 0) = A$$

oder

$$A = 0 . \tag{48}$$

Damit wird aus (47)

$$\varphi = e^{-\nu_1 \cdot t} \cdot B \cdot \sin \nu_2 \cdot t . \tag{49}$$

Setzt man darin

$$u = B \cdot e^{-\nu_1 \cdot t} \qquad \text{und} \qquad v = \sin \nu_2 \cdot t$$

ergeben sich die Ableitungen nach der Zeit

$$\dot{u} = -B \cdot \nu_1 \cdot e^{-\nu_1 \cdot t} \qquad \text{und} \qquad \dot{v} = \nu_2 \cdot \cos \nu_2 \cdot t$$

und damit $\dot{\varphi} = u \cdot \dot{v} + v \cdot \dot{u}$ oder schließlich

$$\dot{\varphi} = B \cdot e^{-\nu_1 \cdot t} \cdot (\nu_2 \cdot \cos \nu_2 \cdot t - \nu_1 \cdot \sin \nu_2 \cdot t)\,. \tag{50}$$

Für $t = 0$ soll sein $\dot{\varphi} = \dot{\varphi}_0$ oder

$$\dot{\varphi}_0 = B \cdot e^0 \cdot (\nu_2 \cdot \cos 0 - \nu_1 \cdot \sin 0)\,, \qquad \dot{\varphi}_0 = B \cdot 1 \cdot (\nu_2 \cdot 1 - \nu_1 \cdot 0) = B \cdot \nu_2\,.$$

Es wird also

$$B = \frac{\dot{\varphi}_0}{\nu_2}. \tag{51}$$

Damit wird aus (49)

$$\varphi = \frac{\dot{\varphi}_0}{\nu_2} \cdot e^{-\nu_1 \cdot t} \cdot \sin \nu_2 \cdot t\,. \tag{52}$$

Es ist die Gleichung für den periodisch gedämpften Schwingungsvorgang, wobei die Amplitude $\dot{\varphi}_0/\nu_2$ durch den Faktor $e^{-\nu_1 \cdot t}$ mit der Zeit t fortlaufend verkürzt wird. Der periodische Schwingungsvorgang ist durch das Glied $\sin \nu_2 \cdot t$ gekennzeichnet.

4.23 Die Lösung für $D = 1$

Für $D = 1$ ergeben sich aus den Formeln (30b) 2 gleiche Wurzeln $\alpha_1 = \alpha_2$.
Um aber eine einfache Lösung zu ermöglichen, setzen wir zunächst

$$\alpha_2 = \alpha_1 + \delta\,. \tag{53}$$

Die allgemeine Lösung (34) wird damit zu

$$\varphi = A_1 \cdot e^{\alpha_1 \cdot t} + B_1 \cdot e^{\alpha_1 \cdot t + \delta \cdot t}\,, \qquad \varphi = e^{\alpha_1 \cdot t} \cdot (A_1 + B_1 \cdot e^{\delta \cdot t})\,. \tag{54}$$

Nun ist

$$e^{\delta \cdot t} = 1 + \frac{\delta \cdot t}{1} + \frac{\delta^2 \cdot t^2}{1 \cdot 2} + \frac{\delta^3 \cdot t^3}{1 \cdot 2 \cdot 3} + \dots\,. \tag{55}$$

Formel (55) in (54) eingesetzt, ergibt

$$\varphi = e^{\alpha_1 \cdot t} \cdot \left(A_1 + B_1 + B_1 \cdot \delta \cdot t + B_1 \cdot \frac{\delta^2 \cdot t^2}{2} + B_1 \frac{\delta^3 \cdot t^3}{6}\right).$$

Da $\delta \ll \alpha_1$, kann $\delta^2 = 0 = \delta^3$ gesetzt werden. Damit wird dann

$$\varphi = e^{\alpha_1 \cdot t} \cdot (A_1 + B_1 + B_1 \cdot \delta \cdot t)\,.$$

Mit

$$C_1 = A_1 + B_1; \qquad B_1 \cdot \delta = D_1 \tag{56}$$

wird

$$\varphi = e^{\alpha_1 \cdot t} \cdot (C_1 + D_1 \cdot t)\,. \tag{57}$$

Für $t = 0$ soll sein $\varphi = 0$, also

$$\varphi = e^0 = \cdot (C_1 + D_1 \cdot 0) = C_1 = 0\,. \tag{58}$$

Damit wird aus (57) dann

$$\varphi = D_1 \cdot t \cdot e^{\alpha_1 \cdot t}. \tag{59}$$

Mit

$$u = D_1 \cdot t \qquad \text{und} \qquad v = e^{\alpha_1 \cdot t}, \qquad \dot{u} = D_1 , \qquad \dot{v} = \alpha_1 \cdot e^{\alpha_1 \cdot t}$$

wird

$$\dot{\varphi} = u \cdot \dot{v} + v \cdot \dot{u} , \qquad \dot{\varphi} = D_1 \cdot t \cdot \alpha_1 \cdot e^{\alpha_1 \cdot t} + e^{\alpha_1 \cdot t} \cdot D_1 , \qquad \dot{\varphi} = D_1 \cdot e^{\alpha_1 \cdot t} \cdot (\alpha_1 \cdot t + 1) . \tag{60}$$

Für $t = 0$ soll sein $\dot{\varphi} = \dot{\varphi}_0$, also

$$\dot{\varphi}_0 = D_1 \cdot e^0 \cdot (\alpha_1 \cdot 0 + 1)$$

oder

$$D_1 = \varphi_0 . \tag{61}$$

Damit wird aus (59)

$$\varphi = \dot{\varphi}_0 \cdot t \cdot e^{\alpha_1 \cdot t} .$$

Nach (30a) wird

$$\alpha_1 = \alpha_2 = - \nu_1 , \tag{62}$$

womit dann die Lösung für diesen Fall wird

$$\varphi = \dot{\varphi}_0 \cdot t \cdot e^{-\nu_1 \cdot t} . \tag{63}$$

Es ist der aperiodische Grenzfall der gedämpften Schwingung, also der Fall, bei dem gerade kein Nulldurchgang mehr eintritt, sondern nur ein Zurückschwingen in die Nullage. Da hier $D = 1$ war, ist dann (33) auch $\nu_1 = \omega_0$ und mit (31) und (32) dann

$$\frac{r_{ag}}{2 \cdot J} = \sqrt{\frac{c}{J}} .$$

Daraus ergibt sich die Dämpfungskonstante r_{ag} des aperiodischen Grenzfalles zu

$$r_{ag} = 2 \cdot \sqrt{c \cdot J} . \tag{64}$$

Damit kann die Dämpfung D dann auch als Verhältnis der Dämpfungskonstante r zu der des aperiodischen Grenzfalles r_{ag} definiert werden:

$$D = \frac{r}{r_{ag}} . \tag{65}$$

4.24 Die Lösung für D = 0

Wenn im Fall $D < 1$ die Dämpfung immer kleiner wird und schließlich $D = 0$ und $r = 0$ wird, dann wird auch $\nu_1 = 0$ und $\nu_2 = \omega_0$.
Damit wird dann aus der Lösungsgleichung (52)

$$\varphi = \frac{\dot{\varphi}_0}{\omega_0} \cdot \sin \omega_0 \cdot t \tag{66}$$

die Gleichung der ungedämpften Schwingung.

4.3 Zusammenfassung der homogenen Differentialgleichung mit ihren Lösungen und Beispiel

Die allgemeine Drehschwingungsgleichung mit ihren 4 Lösungsformeln und den einzelnen Kennwerten ist in Tabelle 2 zusammengestellt. Um eine Vorstellung vom Verlauf der Winkelausschläge zu bekommen, wurden die Lösungsgleichungen für ein Beispiel durchgerechnet. Folgende Annahmen liegen dem Beispiel zugrunde:

$$J = 100 \text{ kp} \cdot \text{m} \cdot \text{s}^2 , \qquad c = 2500 \text{ kp} \cdot \text{m/rad} , \qquad \dot{\varphi}_0 = 0{,}5 \text{ rad/s} .$$

Damit ergibt sich $\omega_0 = \sqrt{\frac{c}{J}} = \sqrt{\frac{2500}{100}} = 5$ rad/s und aus $D = r/r_{ag}$ dann

$$r = D \cdot r_{ag} = D \cdot 2 \cdot \sqrt{c \cdot J} = D \cdot 2 \cdot \sqrt{2500 \cdot 100} = 1000 \cdot D = r.$$

Tabelle 2

Allgemeine Drehschwingungsgleichung

Massenträgheitsmoment	Dämpfungskonstante	Federkonstante
$J \cdot \ddot{\varphi}$	$+ \; r \cdot \dot{\varphi}$	$+ \; c \cdot \varphi = 0$
$\dot{\varphi} =$ 1. Ableitung, $\ddot{\varphi} =$ 2. Abl. des Winkelausschlages φ nach der Zeit t. Zur Zeit $t = 0$ ist $\varphi = 0$ und $\dot{\varphi} = \dot{\varphi}_0$		
Kreisfrequenz ω_0 der ungedämpften Schwingung	Dämpfung D	Dämpfungsfaktor ν_1
$\omega_0 = \sqrt{\frac{c}{J}}$	$D = \frac{\nu_1}{\omega_0} = \frac{r}{r_{ag}}$	$\nu_1 = \frac{r}{2 \cdot J}$
Kreisfrequenz ν_2 der gedämpften Schwingung	r des aperiodischen Grenzfalles	Faktor d. überaperiod. gedämpften Vorgangs
$\nu_2 = \sqrt{\omega_0^2 - \nu_1^2}$	$r_{ag} = 2 \cdot \sqrt{c \cdot J}$	$\nu_3 = \sqrt{\nu_1^2 - \omega_0^2}$
Ungedämpfte Schwingung		
$D = 0$	$r = 0$	$\nu_1 = 0$
$\varphi = \frac{\dot{\varphi}_0}{\omega_0} \cdot \sin \omega_0 \cdot t$		
Periodisch gedämpfte Schwingung		
$D < 1$	$r < r_{ag}$	$\nu_1 < \omega_0$
$\varphi = \frac{\dot{\varphi}_0}{\nu_2} \cdot e^{-\nu_1 \cdot t} \cdot \sin \nu_2 \cdot t$		
Aperiodischer Grenzfall der gedämpften Schwingung		
$D = 1$	$r = r_{ag}$	$\nu_1 = \omega_0$
$\varphi = \dot{\varphi}_0 \cdot t \cdot e^{-\omega_0 \cdot t}$		
Überaperiodisch gedämpfter Vorgang		
$D > 1$	$r > r_{ag}$	$\nu_1 > \omega_0$
$\varphi = \frac{\dot{\varphi}_0}{2 \cdot \nu_3} \cdot e^{-\nu_1 \cdot t} \cdot (e^{\nu_3 \cdot t} - e^{-\nu_3 \cdot t})$		

Für die ungedämpfte Schwingung mit $D = 0$ oder $r = 0$ ergibt sich die reine Sinus-Schwingung, wobei die Amplitudengrenzkurven durch die beiden $\pm\dot{\varphi}_0/\omega_0$-Parallelen zur Abszisse gegeben sind, vgl. Abb. 19.

Für $D = 0{,}5$ oder $r = 500$ ergibt sich eine periodische gedämpfte Schwingung mit mehreren Nulldurchgängen. Die Amplitudengrenzkurven sind durch die beiden Kurven $\pm \frac{\dot{\varphi}_0}{\nu_2} \cdot e^{-\nu_1 \cdot t}$ gegeben. Für $D = 1$ oder $r = 1000$ ergibt sich kein Nulldurchgang mehr, sondern nur ein

Zurückschwingen in die Nullage. Es ist der aperiodische Grenzfall mit kürzestem Rückgang in die Nullstellung ohne Nulldurchgang.

Für $D = \sqrt{5} = 2{,}236$ oder $r = 2236$ ergibt sich ein aperiodischer Rückgang in die Nullstellung ohne Nulldurchgang aber von längerer Zeitdauer als im aperiodischen Grenzfall. Man spricht hier von einem überaperiodisch gedämpften Vorgang.

Da die Anfangsstörung in allen Fällen zu $\dot{\varphi}_0 = 0{,}5$ angenommen war, so treten alle φ-Kurven aus dem Koordinaten-Ursprung in Richtung $\dot{\varphi}_0 \cdot t$ aus. Dieser Strahl bildet also die Nullpunktstangente aller Kurven.

Wenn eine Anfangsstörung fehlt, oder $\dot{\varphi}_0 = 0$ ist, so ergibt sich für alle 4 Fälle die Abszisse als φ-Kurve. Man erkennt also, daß es ohne Störung bzw. ohne Anstoß in dem Schwingungssystem auch keine Ausschläge gibt.

Während damit alle praktischen Fälle für die Drehschwingung erfaßt sind, so ergeben sich doch bei der Anwendung auf die Fahrzeugstabilität noch Sonderfälle, die deshalb hier auch noch allgemein behandelt werden sollen.

4.4 Sonderfälle

4.41 Der Sonderfall $c = 0$ mit Beispiel

Wird die Federkonstante $c = 0$, dann bleibt nur noch die Drehmasse und die Dämpfung. Es ist also kein schwingungsfähiges System mehr. Jede Störungsenergie wird durch die Dämpfung aufgezehrt. Eine Anfangs-Winkelgeschwindigkeit $\dot{\varphi}_0$ kommt also nach einer Zeit bei einem Winkelausschlag zum Stillstand.

Die Differentialgleichung (27) vereinfacht sich hier mit $c = 0$ zu

$$J \cdot \ddot{\varphi} + r \cdot \dot{\varphi} = 0 . \tag{67}$$

Mit dem gewohnten Lösungsansatz

$$\varphi = e^{\alpha \cdot t} ; \qquad \dot{\varphi} = \alpha \cdot e^{\alpha \cdot t} ; \qquad \ddot{\varphi} = \alpha^2 \cdot e^{\alpha \cdot t}$$

ergibt sich

$$J \cdot \alpha^2 \cdot e^{\alpha \cdot t} + r \cdot \alpha \cdot e^{\alpha \cdot t} = 0 .$$

Durch $J \cdot e^{\alpha \cdot t}$ gekürzt, wird daraus

$$\alpha^2 + \frac{r}{J} \cdot \alpha = 0 . \tag{68}$$

Mit den Lösungen

$$\alpha = -\frac{r}{2 \cdot J} \pm \sqrt{\left(\frac{r}{2 \cdot J}\right)^2 \pm 0} , \qquad \alpha_1 = 0 , \qquad \alpha_2 = -\frac{r}{J} . \tag{68a}$$

Damit wird die allgemeine Lösung

$$\varphi = A_1 \cdot e^{\alpha_1 \cdot t} + B_1 \cdot e^{\alpha_2 \cdot t}$$

dann zu

$$\varphi = A_1 + B_1 \cdot e^{-\frac{r}{J} \cdot t} . \tag{69}$$

Für $t = 0$ soll wieder $\varphi = 0$ sein oder $\varphi = 0 = A_1 + B_1 \cdot e^0$.
Das bedeutet

$$A_1 = - B_1 . \tag{70}$$

Aus (69) ergibt sich

$$\dot{\varphi} = -\frac{r}{J} \cdot B_1 \cdot e^{-\frac{r}{J} \cdot t} . \tag{71}$$

Für $t = 0$ soll $\dot{\varphi} = \dot{\varphi}_0$ werden, oder

$$\dot{\varphi} = \dot{\varphi}_0 = -\frac{r}{J} \cdot B_1 \cdot e^0$$

oder

$$B_1 = -\frac{\dot{\varphi}_0 \cdot J}{r}. \tag{72}$$

Damit wird dann aus (69) unter Berücksichtigung von (70) schließlich

$$\varphi = \dot{\varphi}_0 \cdot \frac{J}{r} \cdot \left(1 - e^{-\frac{r}{J} \cdot t}\right). \tag{73}$$

Verfolgen wir diese Bewegung wieder für unser Beispiel mit $J = 100$ und $\dot{\varphi}_0 = 0{,}5$, so ergeben sich für verschiedene Werte von r die Kurven in Abb. 20. Die Gleichung für $r = 0$ läßt sich aus (73) nicht bestimmen. Die Lösung läßt sich jedoch direkt angeben, denn ohne Dämpfung wird die Anfangsstörung $\dot{\varphi}_0$ fortbestehen, so daß hier gilt

$$\varphi = \dot{\varphi}_0 \cdot t\,. \tag{74}$$

Man erkennt aus den Kurven von Abb. 20, daß sie sich jeweils einem Maximalwert nähern, der allerdings nach Gleichung (73) erst bei $t = \infty$ erreicht wird. Dabei wird dann $e^{-\infty} = 0$ oder

$$\varphi_{\max} = \varphi_0 \cdot \frac{J}{r}. \tag{75}$$

Die maximale Auslenkung ist also von der Anfangs-Winkelgeschwindigkeit und vom Verhältnis des Massenträgheitsmoments zur Dämpfungskonstanten abhängig. Für das Beispiel wird

$$\varphi_{\max} = 0{,}5 \cdot \frac{100}{r} = 50/r \quad \text{oder für} \quad \begin{array}{lcccc} r = & 0 & 100 & 500 & 1000 \\ \varphi_{\max} = & \infty & 0{,}5 & 0{,}1 & 0{,}05\,, \end{array}$$

wie auch aus Abb. 20 zu erkennen ist. Auch hier ist es so, daß ohne Anstoß ($\dot{\varphi}_0 = 0$) keine Auslenkung erfolgt.

Die durch den Anstoß zugeführte Energie E_1 wird bei der Drehbewegung durch die Reibungsarbeit E_2 der Dämpfung aufgezehrt. Zur Kontrolle sei diese Energiebilanz durchgeführt. Es gilt

$$E_1 = \frac{1}{2} \cdot J \cdot \varphi_0^2\,, \tag{76}$$

$$E_2 = \int r \cdot \dot{\varphi} \cdot d\varphi\,. \tag{77}$$

Nach (71) mit (72) ist

$$\dot{\varphi} = \dot{\varphi}_0 \cdot e^{-\frac{r}{J} \cdot t}. \tag{78}$$

Ferner ist $d\varphi = \dot{\varphi} \cdot dt$, so daß wird

$$\dot{\varphi} \cdot d\varphi = \dot{\varphi}^2 \cdot dt = \dot{\varphi}_0^2 \cdot e^{-\frac{2 \cdot r}{J} \cdot t} \cdot dt\,.$$

In (77) eingesetzt, ergibt

$$E_2 = r \cdot \dot{\varphi}_0^2 \cdot \int e^{-\frac{2 \cdot r}{J} \cdot t} \cdot dt\,. \tag{77a}$$

Mit

$$\int e^{m \cdot x} \cdot dx = \frac{1}{m} \cdot e^{m \cdot x} + C$$

wird dann aus Formel (77a), integriert in den Grenzen 0 bis ∞,

$$E_2 = r \cdot \dot{\varphi}_0^2 \cdot \left(\frac{-J}{2 \cdot r} \cdot e^{-\infty} - \frac{-J}{2 \cdot r} \cdot e^0\right)$$

und schließlich

$$E_2 = \frac{1}{2} \cdot J \cdot \dot{\varphi}_0^2 \,. \tag{77b}$$

Es ist also tatsächlich $E_2 = E_1$, wie es die Energiebilanz fordert.

4.42 Der Sonderfall mit negativem c mit Beispiel

Bei der Verfolgung der Fahrstabilität kommt auch noch der Fall vor, daß sich für c ein negativer Wert ergibt. Das bedeutet, daß das quasielastische Glied keine Gegenkraft darstellt, sondern daß diese Kraft im Gegenteil sogar im Sinne der Auslenkung wirkt. Die Differentialgleichung der Bewegung lautet dann

$$J \cdot \varphi + r \cdot \dot{\varphi} - c \cdot \varphi = 0 \,. \tag{79}$$

Mit der üblichen Lösung

$$\varphi = e^{\alpha \cdot t} \,; \qquad \dot{\varphi} = \alpha \cdot e^{\alpha \cdot t} \,; \qquad \ddot{\varphi} = \alpha^2 \cdot e^{\alpha \cdot t}$$

ergibt sich

$$J \cdot \alpha^2 \cdot e^{\alpha \cdot t} + r \cdot \alpha \cdot e^{\alpha \cdot t} - c \cdot e^{\alpha \cdot t} = 0 \,.$$

Durch $J \cdot e^{\alpha \cdot t}$ gekürzt, ergibt sich

$$\alpha^2 + \frac{r}{J} \cdot \alpha - \frac{c}{J} = 0$$

mit den Lösungen

$$\alpha = -\frac{r}{2 \cdot J} \pm \sqrt{\left(\frac{r}{2 \cdot J}\right)^2 + \frac{c}{J}} \,. \tag{80}$$

Da beide Summanden unter der Wurzel positiv sind, so können sich nur 2 reelle Wurzeln ergeben.

Mit

$$\nu_1 = \frac{r}{2 \cdot J} \qquad \text{und} \qquad \nu_4 = \sqrt{\nu_1^2 + \frac{c}{J}} \tag{81}$$

wird dann

$$\alpha_1 = -\nu_1 + \nu_4 \,, \qquad \alpha_2 = -\nu_1 - \nu_4 \,. \tag{82}$$

Die allgemeine Lösung der Differentialgleichung (79) wird damit

$$\varphi = A_1 \cdot e^{\alpha_1 \cdot t} + B_1 \cdot e^{\alpha_2 \cdot t} \tag{83a}$$

und schließlich zu

$$\varphi = e^{-\nu_1 \cdot t} \cdot (A_1 \cdot e^{\nu_4 \cdot t} + B_1^{-\nu_4 \cdot t}) \,. \tag{83}$$

Für $t = 0$ soll wieder sein $\varphi = 0$

$$\varphi = 0 = e^0 \cdot (A_1 \cdot e^0 + B_1 \cdot e^0) \,,$$

oder

$$A_1 = -B_1 \,. \tag{84}$$

Aus (83a) ergibt sich

$$\dot{\varphi} = A_1 \cdot \alpha_1 \cdot e^{\alpha_1 \cdot t} + B_1 \cdot \alpha_2 \cdot e^{\alpha_2 \cdot t} \,. \tag{85}$$

Für $t = 0$ soll daraus wieder $\dot{\varphi} = \dot{\varphi}_0$ werden, oder

$$\dot{\varphi}_0 = A_1 \cdot \alpha_1 \cdot e^0 + B_1 \cdot \alpha_2 \cdot e^0 \,.$$

Mit (84) wird daraus

$$\varphi_0 = A_1 \cdot (\alpha_1 - \alpha_2) \,. \tag{86a}$$

Aus (82) ergibt sich

$$\alpha_1 - \alpha_2 = 2 \cdot \nu_4 \,. \tag{82a}$$

Damit wird dann aus (86a)

$$A_1 = \frac{\dot{\varphi}_0}{2 \cdot \nu_4} \,. \tag{86}$$

Werden die Formeln (84) und (86) in die Lösungsgleichung (83) eingesetzt, so ergibt sich schließlich

$$\varphi = \dot{\varphi}_0 \cdot \frac{1}{2 \cdot \nu_4} \cdot e^{-\nu_1 \cdot t} \cdot (e^{\nu_4 \cdot t} - e^{-\nu_4 \cdot t}) \,. \tag{87}$$

Auch diese Bewegung soll wieder für das Beispiel $J = 100$ und $\dot{\varphi}_0 = 0{,}5$ verfolgt werden, wobei Abb. 21 für $c = 200$ und Abb. 22 für $c = 2000$ (negativ) gilt. In beiden Abbildungen wurden Kurven für verschiedene r-Werte eingetragen. Man erkennt aus den Abbildungen, daß zunächst alle Kurven in Richtung ihres Anstoßes $\varphi = \dot{\varphi}_0 \cdot t$ ansetzen, um dann bei kleinen Dämpfungskonstanten immer steiler zu werden. Bei großen Dämpfungskonstanten biegt die Kurve aus $\varphi = \dot{\varphi}_0 \cdot t$ zunächst zu geringerer Neigung um, um dann später eine Wendung nach größerer Steilheit zu machen. Von hier aus nimmt dann die Steilheit auch wieder fortschreitend zu. In diesen Fällen vergeht also erst eine gewisse Zeit mit geringerem φ-Anstieg, so daß in Anwendung auf die Fahrstabilität der Fahrer zunächst noch Zeit hat, durch Gegenlenken wieder in die alte Bahn zu kommen.

Die Formeln für die Sonderfälle sind in Tabelle 3 zusammengestellt.

Tabelle 3

Besondere Kennzeichen	Differentialgleichung und Lösung
$c = 0$	$J \cdot \ddot{\varphi} + r \cdot \dot{\varphi} = 0$ $\varphi = \dot{\varphi}_0 \cdot \frac{J}{r} \cdot \left(1 - e^{-\frac{r}{J} \cdot t}\right)$
$c = 0$ $r = 0$	$J \cdot \ddot{\varphi} = 0$ $\varphi = \dot{\varphi}_0 \cdot t$
$-c$	$J \cdot \ddot{\varphi} + r \cdot \dot{\varphi} - c \cdot \varphi = 0$ $\nu_1 = \frac{r}{2 \cdot J}$ $\quad \nu_4 = \sqrt{\nu_1^2 + \frac{c}{J}}$ $\varphi = \dot{\varphi}_0 \cdot \frac{1}{2 \cdot \nu_4} \cdot e^{-\nu_1 \cdot t} \cdot (e^{\nu_4 \cdot t} - e^{-\nu_4 \cdot t})$
$-c$ $r = 0$	$J \cdot \ddot{\varphi} - c \cdot \varphi = 0$ $\varphi = \dot{\varphi}_0 \cdot 0{,}5 \cdot \sqrt{\frac{J}{c}} \cdot \left(e^{t \cdot \sqrt{\frac{c}{J}}} - e^{-t \cdot \sqrt{\frac{c}{J}}}\right)$

4.5 Die nichthomogenen Differentialgleichungen und ihre Lösungen

Für die nichthomogene Differentialgleichung

$$J \cdot \ddot{\varphi} + r \cdot \dot{\varphi} + c \cdot \varphi = a + a_1 \cdot t \tag{88}$$

ergibt sich die allgemeine Lösung als Summe der Lösung der homogenen Gleichung und einer partikulären Lösung als Zusatzglied.

Als Zusatzglied der Lösung setzt man an

$$\varphi_z = \alpha_0 + \alpha_1 \cdot t\,, \qquad \dot{\varphi}_z = \alpha_1\,, \qquad \ddot{\varphi}_z = 0\,.$$

Diese Werte in (88) eingesetzt, ergibt

$$J \cdot 0 + r \cdot \alpha_1 + c \cdot \alpha_0 + c \cdot \alpha_1 \cdot t = a + a_1 \cdot t\,,$$

$$(r \cdot \alpha_1 + c \cdot \alpha_0) + (c \cdot \alpha_1) \cdot t = a + a_1 \cdot t\,.$$

Durch Koeffizientenvergleich der rechten mit der linken Seite ergibt sich $c \cdot \alpha_1 = a_1$ und daraus

$$\alpha_1 = \frac{a_1}{c} \tag{89}$$

ferner

$$r \cdot \alpha_1 + c \cdot \alpha_0 = a\,.$$

Hier (89) eingesetzt:

$$r \cdot \frac{a_1}{c} + c \cdot \alpha_0 = a$$

und daraus

$$\alpha_0 = \frac{a}{c} - r \cdot \frac{a_1}{c^2}\,. \tag{90}$$

Mit (89) und (90) wird aus (88a) das Zusatzglied zur Lösung

$$\varphi_z = \frac{a}{c} - r \cdot \frac{a_1}{c^2} + \frac{a_1}{c} \cdot t\,. \tag{91}$$

Tabelle 4

Für das Störglied einer homogenen Differentialgleichung	ergibt sich das zu addierende Zusatzglied φ_z der Lösung
$= a$	$\varphi_z = \frac{a}{c}$
$= a_1 \cdot t$	$\varphi_z = \quad - r \cdot \frac{a_1}{c^2} + \frac{a_1}{c} \cdot t$
$= a + a_1 \cdot t$	$\varphi_z = \frac{a}{c} - r \cdot \frac{a_1}{c^2} + \frac{a_1}{c} \cdot t$

Die hier behandelten Möglichkeiten für das Störglied und die zugehörigen Zusatzglieder der Lösung sind in Tabelle 4 systematisch zusammengestellt.

5. Die Bodenstabilität

Es ist üblich, die Fahrstabilität ohne Berücksichtigung der Luftkräfte als Bodenstabilität zu bezeichnen. Dementsprechend sollen in diesem Kapitel die Luftkräfte und Momente außerhalb der Betrachtung bleiben.

5.1 Die Bodenstabilität ohne Lenkeinschlag

5.11 Der Ansatz der Gleichgewichtsbedingungen und die Ableitung der Differentialgleichung

In Abb. 23a ist der Kraftwagen als Einspur-Ersatzschema gezeichnet. Die ortsfeste Achse kann zwar beliebig gewählt werden, sie wird aber meist mit der Straßenrichtung übereinstimmen. Die momentane Fahrtrichtung oder Bahnrichtung des Schwerpunktes weicht von der x-Achse um den Winkel γ ab. Der Fahrzeugschwerpunkt bewegt sich translatorisch mit der momentanen Geschwindigkeit v in seiner Bahn. Die Fahrzeuglängsachse weicht dabei von der Bahnrichtung um den Schräglauf oder Driftwinkel δ ab, so daß sich für die Winkel die Beziehung ergibt

$$\varepsilon = \delta + \gamma . \tag{100}$$

Der translatorischen Bewegung des Schwerpunktes überlagert sich noch eine Drehbewegung des Fahrzeugs um seine Hochachse durch den Schwerpunkt mit der Winkelgeschwindigkeit $\dot{\varepsilon}$, wofür analog (100) gilt

$$\dot{\varepsilon} = \dot{\delta} + \dot{\gamma} \tag{101}$$

und ebenso

$$\ddot{\varepsilon} = \ddot{\delta} + \ddot{\gamma} . \tag{102}$$

An jedem Rad wirken in Fahrzeuglängsrichtung die Rollwiderstandskräfte W_R und je nach Antriebsart auch Antriebskräfte A und senkrecht dazu, also in Achsrichtung, die Seitenkräfte S. Jede Kraft trägt den Index ihrer Achse; ihre Summen werden wie folgt festgelegt:

$$A = A_V + A_H , \tag{a}$$

$$W_R = W_{RV} + W_{RH} , \tag{103b}$$

$$S = S_V + S_H . \tag{c}$$

Im Schwerpunkt greifen noch die Fahrwiderstände an, und zwar der Steigungswiderstand W_S

$$W_S = Q \cdot \sin \alpha \tag{104}$$

und der Beschleunigungswiderstand W_B

$$W_B = m \cdot b = Q \cdot \frac{b}{g} . \tag{105}$$

Die Luftkräfte werden hier noch nicht berücksichtigt.

Die Schräglaufwinkel δ werden als genügend klein angenommen, so daß gesetzt werden kann

$$\cos\delta = 1\,, \tag{a}$$

$$\sin\delta = \delta\,, \tag{106b}$$

$$\delta^2 = 0\,. \tag{c}$$

Für die Drehung um die senkrechte Achse durch den Schwerpunkt wird das Momentengleichgewicht angesetzt zu

$$\boxed{J\cdot\ddot{\varepsilon} = S_V\cdot a_V - S_H\cdot a_H\,.} \tag{107}$$

Das Gleichgewicht der Kräfte in Bahnrichtung (v) ergibt sich unter Berücksichtigung von Abb. 23b und c zu

$$(A - W_R - W_S - W_B)\cdot\cos\delta - s_V\sin\delta - s_H\cdot\sin\delta = 0$$

und daraus mit (106)

$$\boxed{A - \Sigma W = S\cdot\delta\,.} \tag{108}$$

Normal zur Bahnrichtung (v) wirkt die Zentrifugalbeschleunigung

$$p = \frac{v^2}{R} = v\cdot\frac{v}{R} = v\cdot\dot{\gamma} \tag{109}$$

und erzeugt damit die Fliehkraft $F = m\cdot p$ oder

$$F = m\cdot v\cdot\dot{\gamma}\,. \tag{110}$$

Das Gleichgewicht der Kräfte normal zur Bahnrichtung (v) ergibt sich unter Berücksichtigung von Abb. 23 b und c zu

$$m\cdot v\cdot\dot{\gamma} = (A - \Sigma W)\cdot\sin\delta + S\cdot\cos\delta$$

und daraus mit (106)

$$\boxed{m\cdot v\cdot\dot{\gamma} = (A - \Sigma W)\cdot\delta + S\,.} \tag{111}$$

Wird hier für $(A - \Sigma W)$ Gleichung (108) aus dem Gleichgewicht der Kräfte in Richtung (v) eingesetzt, dann wird

$$m\cdot v\cdot\dot{\gamma} = S\cdot\delta^2 + S$$

und unter Berücksichtigung von (106c)

$$m\cdot v\cdot\dot{\gamma} = S\,. \tag{112}$$

Die Seitenkräfte werden entsprechend Abschnitt 3.1 den Driftwinkeln proportional gesetzt

$$S_V = k_V\cdot\delta_V \quad\text{und}\quad S_H = k_H\cdot\delta_H\,. \tag{113}$$

Durch die Fahrzeugdrehung um den Schwerpunkt mit der Winkelgeschwindigkeit $\dot{\varepsilon} = \dot{\delta} + \dot{\gamma}$ erhält die Vorderachse nach Abb. 23d die Quergeschwindigkeit $a_V\cdot\dot{\varepsilon}$ und die Hinterachse $a_H\cdot\dot{\varepsilon}$. Diese Quergeschwindigkeiten ergeben an den beiden Achsen zusammen mit v resultierende Bewegungsrichtungen v_{V_r} und v_{H_r}, die mit der Fahrzeuglängsachse die wirksamen Schräglaufwinkel δ_V und δ_H einschließen. Nach Abb. 23d gilt

$$\Delta\delta_V = \frac{a_V\cdot\dot{\varepsilon}}{v} \quad\text{und}\quad \Delta\delta_H = \frac{a_H\cdot\dot{\varepsilon}}{v} \quad\text{sowie}$$

$$\delta_V = \delta - \Delta\delta_V \quad\text{und}\quad \delta_H = \delta + \Delta\delta_H$$

und damit unter Berücksichtigung von (101)

$$\delta_V = \delta - \frac{a_V}{v} \cdot (\dot{\delta} + \dot{\gamma}) , \quad \text{(114a)}$$

$$\delta_H = \delta + \frac{a_H}{v} \cdot (\dot{\delta} + \dot{\gamma}) . \quad \text{(114b)}$$

Mit (103c), (113) und (114) wird

$$S = + k_V \cdot \delta - k_V \cdot \frac{a_V}{v} \cdot \dot{\delta} - k_V \cdot \frac{a_V}{v} \cdot \dot{\gamma} + k_H \cdot \delta + k_H \cdot \frac{a_H}{v} \cdot \delta + k_H \cdot \frac{a_H}{v} \cdot \dot{\gamma} ,$$

$$S = (k_V + k_H) \cdot \delta - \frac{1}{v} \cdot (k_V \cdot a_V - k_H \cdot a_H) \cdot \dot{\delta} - \frac{1}{v} \cdot (k_V \cdot a_V - k_H \cdot a_H) \cdot \dot{\gamma} . \quad (115)$$

Zur Vereinfachung der Formeln werden folgende, von der Schwerpunktlage und den Seitenkraftkonstanten abhängige Konstante gebildet:

$$q_1 = k_V \cdot a_V - k_H \cdot a_H , \quad \text{(116a)}$$

$$q_2 = k_V \cdot a_V^2 + k_H \cdot a_H^2 , \quad \text{(116b)}$$

$$q_3 = k_V + k_H . \quad \text{(116c)}$$

Damit wird aus (115) dann, in (112) eingesetzt,

$$m \cdot v \cdot \dot{\gamma} = q_3 \cdot \delta - \frac{q_1}{v} \cdot \dot{\delta} - \frac{q_1}{v} \cdot \dot{\gamma}$$

oder

$$\dot{\gamma} \cdot \left(m \cdot v + \frac{q_1}{v} \right) = q_3 \cdot \delta - \frac{q_1}{v} \cdot \dot{\delta}$$

und schließlich

$$\dot{\gamma} = \frac{q_3 \cdot v}{m \cdot v^2 + q_1} \cdot \delta - \frac{q_1}{m \cdot v^2 + q_1} \cdot \dot{\delta} . \quad (117)$$

Da die Faktoren von δ und $\dot{\delta}$ jeweils konstant sind für ein gegebenes Fahrzeug, also nicht von δ abhängig sind, ergibt sich einfach auch die 2. Ableitung von γ zu

$$\ddot{\gamma} = \frac{q_3 \cdot v}{m \cdot v^2 + q_1} \cdot \dot{\delta} - \frac{q_1}{m \cdot v^2 + q_1} \cdot \ddot{\delta} . \quad (118)$$

Mit (102) wird dann aus (107) unter Verwendung von (113) und (114)

$$J \cdot \ddot{\delta} + J \cdot \ddot{\gamma} = + k_V \cdot a_V \cdot \delta - k_V \cdot a_V \cdot \frac{a_V}{v} \cdot (\dot{\delta} + \dot{\gamma}) - k_H \cdot a_H \cdot \delta + k_H \cdot a_H \cdot \frac{a_H}{v} \cdot (\dot{\delta} + \dot{\gamma})$$

und daraus mit (116)

$$J \cdot \ddot{\delta} + J \cdot \ddot{\gamma} = q_1 \cdot \delta - \frac{q_2}{v} \cdot \dot{\delta} - \frac{q_2}{v} \cdot \dot{\gamma}$$

oder

$$J \cdot \ddot{\gamma} + \frac{q^2}{v} \cdot \dot{\gamma} = - J \cdot \ddot{\delta} - \frac{q_2}{v} \cdot \dot{\delta} + q_1 \cdot \delta . \quad (119)$$

Werden hier (117) und (118) eingesetzt, so ergibt sich für die linke Seite von Gleichung (119)

$$\frac{J \cdot q_3 \cdot v}{m \cdot v^2 + q_1} \cdot \dot{\delta} - \frac{J \cdot q_1}{m \cdot v^2 + q_1} \cdot \ddot{\delta} + \frac{q_2}{v} \cdot \frac{q_3 \cdot v}{m \cdot v^2 \cdot q_1} \cdot \delta - \frac{q_2}{v} \cdot \frac{q_1}{m \cdot v^2 + q_1} \cdot \dot{\delta} .$$

Wird dieser Ausdruck zusammen mit der rechten Seite von Gleichung (119) geordnet, dann ergibt sich

$$\ddot{\delta} \cdot \left[J - \frac{J \cdot q_1}{m \cdot v^2 + q_1}\right] + \dot{\delta} \cdot \left[\frac{q_2}{v} + \frac{J \cdot q_3 \cdot v}{m \cdot v^2 + q_1} - \frac{q_1 \cdot q_2}{v \cdot (m \cdot v^2 + q_1)}\right]$$

$$+ \delta \cdot \left[\frac{q_2 \cdot q_3}{m \cdot v^2 + q_1} - q_1\right] = 0 . \tag{120}$$

Setzt man hierfür allgemein die Gleichung

$$c_i \cdot \ddot{\delta} + c_r \cdot \dot{\delta} + c_c \cdot \delta = 0 , \tag{121}$$

so lassen sich nun für die einzelnen Konstanten die der Drehschwingungsgleichung entsprechenden Glieder bestimmen, wobei c_i dem Trägheitsmoment, c_r der Dämpfungskonstanten und c_c der Federkonstanten entspricht. Aus der Gleichsetzung der Koeffizienten der Gleichungen (120) und (121) ergeben sich

$$c_i = \frac{J \cdot m \cdot v^2}{m \cdot v^2 + q_1} , \tag{122}$$

$$c_r = \frac{q_2 \cdot m \cdot v^2 + q_1 \cdot q_2 + J \cdot q_3 \cdot v^2 - q_1 \cdot q_2}{v \cdot (m \cdot v^2 + q_1)} ,$$

$$c_r = v \cdot \frac{m \cdot q_2 + J \cdot q_3}{m \cdot v^2 + q_1} , \tag{123}$$

$$c_c = \frac{q_2 \cdot q_3}{m \cdot v^2 + q_1} - q_1 . \tag{124}$$

5.12 Diskussion der Koeffizienten in ihrer Abhängigkeit von der Fahrgeschwindigkeit

In allen 3 Koeffizienten nach Gleichung (122) bis (124) kommt der Nenner $m \cdot v^2 + q_1$ vor, worin $m \cdot v^2$ immer positiv ist, während q_1 nach Gleichung (116a) gegeben war durch

$$q_1 = k_V \cdot a_V - k_H \cdot a_H .$$

Dafür lassen sich also grundsätzlich 3 Fälle unterscheiden:

Der 1. Fall $k_V \cdot a_H > k_H \cdot a_H$ ergibt $q_1 > 0$,

der 2. Fall $k_V \cdot a_V = k_H \cdot a_H$ ergibt $q_1 = 0$,

der 3. Fall $k_V \cdot a_V < k_H \cdot a_H$ ergibt $q_1 < 0$.

Dementsprechend ergeben sich nun auch für c_i drei Fälle, da der Zähler immer positiv ist.

Im 1. Fall wird $c_i < J$,

im 2. Fall wird $c_i = J$ und

im 3. Fall wird $c_i > J$, solange

$m \cdot v^2 > - q_1$ ist. Wenn nämlich $m \cdot v^2 = - q_1$ wird, dann wird der Nenner zu Null und damit $c_i = \pm \infty$. Ist dagegen $m \cdot v^2 < - q_1$, dann wird c_i im 3. Fall negativ. Die Grenzgeschwindigkeit v_{g3} ergibt sich aus $m \cdot v^2 = - q_1$ im 3. Fall zu

$$v_{g3} = \sqrt{\frac{- q_1}{m}} . \tag{125}$$

In Abb. 24 sind für Beispiele der 3 Fälle die c_i-Verläufe über der Fahrgeschwindigkeit aufgetragen. Man erkennt, daß im 3. Fall die Grenzgeschwindigkeit v_{g3} sehr niedrig liegt, so daß sich daraus praktisch keine Konsequenzen ergeben.

Da sich die Konstanten q_2 und q_3 nach (116b) und (c) nur aus positiven Größen zusammensetzen, so wird auch c_r nach (123) im Vorzeichen nur von $m \cdot v^2 + q_1$ beeinflußt. Für v_{g3} ergeben sich auch hier im 3. Fall $c_r = \pm \infty$ und für $v \lessgtr v_{g3}$ negative c_r-Werte. Im 1. Fall steigt die c_r-Kurve aus dem Koordinatenursprung an, um nach einem Maximum wieder hyperbolisch abzufallen. Im 2. Fall ergibt sich mit $q_1 = 0$ eine reine Hyperbel. Abb. 25 zeigt für die Beispiele der 3 Fälle die c_r-Kurven über v.

Für c_c ergibt sich im 2. Fall mit $q_1 = 0$ eine Hyperbel. Im 3. Fall ergeben sich wieder für v_{g3} ein $c_c = \pm \infty$ und für $v < v_{g3}$ negative c_c-Werte. Im 1. Fall ist das 1. Glied von (124) zwar positiv, aber für $q_1 = \frac{q_2 \cdot q_3}{m \cdot v^2 + q_1}$ ergibt sich dort eine Nulldurchgang, dessen Geschwindigkeit aus vorstehender Bedingung sich ergibt zu

$$v_x = \sqrt{\frac{q_2 \cdot q_3 - q_1^2}{m \cdot q_1}} \,. \tag{126}$$

Mit den Gleichungen (116) wird daraus

$$v_x = a \cdot \sqrt{\frac{k_V \cdot k_H}{m \cdot (k_V \cdot a_V - k_H \cdot a_H)}} \,. \tag{126a}$$

Für $v > v_x$ ergeben sich dann negative c_c-Werte. Abb. 26 zeigt für die Beispiele der 3 Fälle die c_c-Kurven über v.

5.13 Die Auswirkung der Koeffizienten auf die Dämpfung D

Um die Drehbewegung des Kraftwagens um seinen Schwerpunkt schnell in die typischen Erscheinungen der Drehschwingungsgleichung einordnen zu können, soll noch die Dämpfung D für die 3 Fälle verfolgt werden. Nach Tabelle 2 war $D = r/r_{ag}$ und $r_{ag} = 2 \cdot \sqrt{c \cdot J}$. Dabei muß nun beachtet werden, daß

anstelle von J jetzt c_i ,
anstelle von r jetzt c_r und
anstelle von c jetzt c_c

in die Formeln einzusetzen ist. Damit wird $D = c_r/c_{rag}$ und $c_{rag} = 2 \cdot \sqrt{c_c \cdot c_i}$, so daß sich ergibt

$$D = \frac{c_r}{2 \cdot \sqrt{c_c \cdot c_i}} \,. \tag{127}$$

Für die Beispiele der 3 Fälle ergeben sich damit D-Kurven nach Abb. 27. Für den 2. Fall ergibt sich $D = 1 = \text{const}$, während für den 3. Fall die Dämpfung hyperbolisch abfällt. Im 1. Fall steigt D für v_{g3} auf unendlich an, um dann bei $v > v_{g3}$ wegen des negativen Vorzeichens von c_c imaginäre Werte anzunehmen. Für den 2. Fall war das Kriterium $q_1 = 0$. Damit wird aus (127) mit (122) bis (124) dann

$$D = \frac{q_2 + \frac{J}{m} \cdot q_3}{2 \cdot \sqrt{q_2 \cdot \frac{J}{m} \cdot q_3}} \,. \tag{128}$$

Man erkennt also, daß ganz allgemein im 2. Fall ($q_1 = 0$) die Dämpfung D konstant wird, also von der Fahrgeschwindigkeit unabhängig ist. Man erkennt weiterhin, daß auch $D = 1$ werden kann, wenn die Bedingung

$$q_2 = \frac{J}{m} \cdot q_3 \tag{129}$$

erfüllt ist. Setzt man für q_2 und q_3 die Formeln (116b) und (c) ein, so ergibt sich

$$k_V \cdot a_V^2 + k_H \cdot a_H^2 = \frac{J}{m} \cdot (k_V + k_H) . \quad (129a)$$

Mit dem Trägheitsradius a_i ist

$$J = m \cdot a_i^2 . \quad (130)$$

Wird nun Gleichung (129a) durch die Gleichung

$$a_i^2 = \frac{J}{m}$$

dividiert, dann ergibt sich

$$k_V \cdot \left(\frac{a_V}{a_i}\right)^2 + k_H \cdot \left(\frac{a_H}{a_i}\right)^2 = k_V + k_H \quad (131)$$

oder

$$\frac{k_V}{k_H} = \frac{a_i^2 - a_H^2}{a_V^2 - a_i^2} . \quad (131a)$$

Die Voraussetzung $q_1 = 0$ für den 2. Fall bedeutet aber nach (116a)

$$k_V \cdot a_V = k_H \cdot a_H \quad \text{oder}$$

$$\frac{k_V}{k_H} = \frac{a_H}{a_V} . \quad (132)$$

Aus der Gleichsetzung von (131a) und (132) ergibt sich dann für den 2. Fall die Bedingung für $D = 1$ zu

$$a_i = \sqrt{a_V \cdot a_H} . \quad (133)$$

5.14 Vergleich der Geschwindigkeit v_x für $c_c = 0$ mit der Geschwindigkeit v_{krit} nach 3.3

Im Abschnitt 5.12 hatte sich gezeigt, daß im 1. Fall, $k_V \cdot a_V > k_H \cdot a_H$ oder $q_1 > 0$ die c_c-Kurve die Abszisse schneidet und zwar bei v_x nach (126a)

$$v_x = a \cdot \sqrt{\frac{k_V \cdot k_H}{m \cdot (k_V \cdot a_V - k_H \cdot a_H)}} . \quad (126a)$$

Um diese Geschwindigkeit mit der kritischen Geschwindigkeit nach Formel (26) vergleichen zu können, soll (126a) auf die in (26) benutzten Werte umgestellt werden. So sollen k_V und k_h mit Hilfe von (3) durch

$$k_V = \frac{Q_V}{c_V} \quad \text{und} \quad k_H = \frac{Q_H}{c_H} \quad (3a)$$

ersetzt werden, ferner nach (13) m durch $m = Q/g$. Damit wird dann

$$v_x^2 = \frac{a^2 \cdot Q_V \cdot Q_H \cdot g}{c_V \cdot c_H \cdot Q \cdot \left(\frac{Q_V}{c_V} \cdot a_V - \frac{Q_H}{c_H} \cdot a_H\right)} , \quad (126b)$$

$$v_x^2 = \frac{a \cdot g}{Q \cdot \left(\frac{Q_V \cdot a_V \cdot c_V \cdot c_H}{c_V \cdot Q_V \cdot Q_H \cdot a} - \frac{Q_H \cdot a_H \cdot c_V \cdot c_H}{c_H \cdot Q_V \cdot Q_H \cdot a}\right)} , \quad (126c)$$

$$v_x^2 = \frac{a \cdot g}{\dfrac{c_H}{\dfrac{Q_H}{Q} \cdot \dfrac{a}{a_V}} - \dfrac{c_V}{\dfrac{Q_V}{Q} \cdot \dfrac{a}{a_H}}} . \quad (126d)$$

Für Q_V und Q_H werden nun die Gleichungen (16a) und (17a) eingesetzt, womit sich dann ergibt

$$v_x^2 = \frac{a \cdot g \cdot \cos\alpha}{\dfrac{c_H}{1 + \dfrac{h}{a_V} \cdot \left(\dfrac{b}{g \cdot \cos\alpha} + \tan\alpha\right)} - \dfrac{c_V}{1 \cdot \dfrac{h}{a_H} \cdot \left(\dfrac{b}{g \cdot \cos\alpha} + \tan\alpha\right)}} \qquad (126e)$$

oder

$$v_x = v_{\text{krit}} \, . \qquad (134)$$

Damit ist erwiesen, daß v_x mit der kritischen Geschwindigkeit identisch ist, und daß sich andererseits für $c_c = 0$ die kritische Fahrgeschwindigkeit ergibt.

5.15 Drei Beispiele für die Bodenstabilität bei veränderlicher Fahrgeschwindigkeit

Für einen Kraftwagen von $a = 2$ m Achsstand werden in 3 Beispielen 3 verschiedene Schwerpunktlagen verfolgt.

1. Beispiel: $a_V = 1{,}5$ m und $a_H = 0{,}5$ m,

2. Beispiel: $a_V = 1{,}0$ m und $a_H = 1{,}0$ m,

3. Beispiel: $a_V = 0{,}5$ m und $a_H = 1{,}5$ m.

Allen Beispielen gemeinsame Maße sind noch

$$Q = 1000 \text{ kp}; \quad J = 100 \text{ kp m s}^2; \quad h = 1 \text{ m} .$$

Die Beschleunigung soll von $+ 4$ m/s² bis $- 6$ m/s² verfolgt werden, sofern nicht vorher schon ein Abheben einer Achse erfolgt. Die Untersuchung wird auf ebene Fahrbahn, $\alpha = 0$, beschränkt. Mit den Gleichungen (16b) und (18b) werden die Achslasten bestimmt,

$$Q_V = Q \cdot \left(\frac{a_H}{a} - \frac{h}{a} \cdot \frac{b}{g}\right), \qquad (16b)$$

$$Q_H = Q \cdot \left(\frac{a_V}{a} + \frac{h}{a} \cdot \frac{b}{g}\right), \qquad (18b)$$

aus denen sich dann mit (7a) die Seitenkraftkonstanten ergeben zu

$$k_V = \frac{Q_V}{r_0 + r_1 \cdot Q_V} \quad \text{und} \quad k_H = \frac{Q_H}{r_0 + r_1 \cdot Q_H}$$

mit $r_0 = 0{,}045$ und $r_1 = 0{,}175 \cdot 10^{-3}$. Die Konstanten q_1 bis q_3 ergeben sich dann für die einzelnen Fälle nach den Formeln (116) zu

$$q_1 = k_V \cdot a_V - k_H \cdot a_H \, , \qquad q_2 = k_V \cdot a_V^2 + k_H \cdot a_H^2 \, , \qquad q_3 = k_V + k_H \, .$$

Damit können dann die Koeffizienten nach

$$(122) \qquad c_i = \frac{J \cdot m \cdot v^2}{m \cdot v^2 + q_1} \, ,$$

$$(123) \qquad c_r = v \cdot \frac{m \cdot q_2 + J \cdot q_3}{m \cdot v^2 + q_1} \, ,$$

$$(124) \qquad c_c = \frac{q_2 \cdot q_3}{m \cdot v^2 + q_1} - q_1$$

berechnet und über v aufgetragen werden. Abb. 28 zeigt für die verschiedenen Beschleunigungs- bzw. Verzögerungswerte den c_i-Verlauf über der Fahrgeschwindigkeit. Mit steigender Geschwindigkeit laufen alle Kurven auf den Wert $J = 100$ ein. Für jedes Beispiel gibt es einen Beschleunigungswert, für den $c_i = 100 = \text{const}$ ist; so im 1. Beispiel für $b = 3$, im 2. Beispiel $b = 0$ und im 3. für $b = -3$ m/s². Abb. 29 zeigt die Dämpfungskonstanten c_r, die über 10 m/s mit wachsender Geschwindigkeit abfallen. Die gegenseitige Lage der Kurven für die einzelnen Beschleunigungen wechselt für die Beispiele. Abb. 30 zeigt die Federkonstanten c_c, die mit steigender Geschwindigkeit und auch mit zunehmender Verzögerung abnehmen. Je weiter die Schwerpunktlage sich nach vorn verlagert, vom Beispiel 1 über 2 nach 3, um so höher sind die c_c-Werte. Von besonderer Bedeutung sind dabei die Schnittpunkte der Kurven mit der Abszisse, also $c_c = 0$, weil dort die kritische Fahrgeschwindigkeit liegt.

Eine noch bessere Übersicht ergibt sich mit der Darstellung nach Abb. 31, wo im b, v-Diagramm die Kurven $c_i = \text{const}$, $c_r = \text{const}$ und $c_c = \text{const}$ eingetragen sind. Die Kurven $c_c = 0$ stimmen mit dem Beispiel des Abschnittes 3,4, Abb. 16, überein, was ja im vorigen Abschnitt 5.14 schon bewiesen wurde, da die Bedingungen für die kritische Geschwindigkeit mit denen für $c_c = 0$ übereinstimmen. Aus den kritischen Feldern für $c_c < 0$ sieht man, daß diese sich mit der Verlagerung des Schwerpunktes nach vorn mehr und mehr nach höheren Verzögerungen verschieben. Allerdings zeigt sich aus der Begrenzung der Diagramme für Beispiel 3 auf -4 m/s², daß sich hier eine andere Grenze bemerkbar macht, und zwar das Abheben der Hinterachse. Die volle Entlastung der Hinterachse tritt im Beispiel 3 bei -5 m/s² auf, womit dann auch die Fahrsicherheit von dieser Seite nicht mehr gewährleistet ist. Da im Beispiel der Schwerpunkt relativ hoch liegt, so erkennt man allgemein die Aufgabe, sowohl die kritische Geschwindigkeit oder die Kurve $c_c = 0$ als auch die Grenze für $Q_H = 0$ nach möglichst hohen Verzögerungswerten hin zu verschieben, damit möglichst für alle praktischen Fahrzustände Fahrsicherheit bzw. Fahrstabilität gegeben ist. Dazu muß noch besonders darauf hingewiesen werden, daß diese Bedingungen nicht nur für den voll belasteten Wagen gelten, sondern auch für Leerfahrten noch genügen möchten.

In Abb. 32 oben sind für Beispiel 3 die Dämpfungswerte D über der Fahrgeschwindigkeit für jeweils konstante Beschleunigungswerte aufgetragen. Im unteren b, v-Diagramm sind die Kurven $D = \text{const}$ eingetragen, die nach unten hin durch die Linie $c_c = 0$ begrenzt werden, für die sich formal $D = \infty$ ergibt. Das bedeutet hier aber keineswegs hohe Dämpfungskräfte, da die Voraussetzung des schwingungsfähigen Systems ja dort nicht mehr gegeben ist, denn es ist $c_c = 0$ und damit auch $r_{ag} = 0$, so daß jeder kleinste r-Wert schon zu $D = \infty$ führt. In genügendem Abstand von der Grenzkurve ist mit steigender Fahrgeschwindigkeit ein Abfallen der Dämpfung zu beobachten.

Abb. 33 zeigt die Dämpfungsdiagramme für Beispiel 2. Hier ist für $b = 0$ die Dämpfung $D = 1 = \text{const}$. Dafür zeigt sich aber mit abnehmender Beschleunigung eine zunehmende Dämpfung.

Für Beispiel 1 verbleiben ja nach Abb. 31 nur schmale Streifen für bodenstabile Fahrt, für die in Abb. 34 die Dämpfung $D = f(v)$ für $b = 4$ m/s² eingetragen ist, um das Abfallen von D mit v zu zeigen.

5.2 Die Bodenstabilität mit Lenkeinschlag

5.21 Der Ansatz der Gleichgewichtsbedingungen und die Ableitung der Differentialgleichung

In Abb. 35a ist der Kraftwagen wieder als Einspur-Ersatzschema gezeichnet wie in Abb. 23, nur daß hier jetzt das Vorderrad um den Lenkwinkel λ gegenüber der Fahrzeuglängsachse eingeschlagen ist. Ansatz und Ableitung geschehen analog Abschnitt 5.11. Zum besseren Vergleich werden für die Formeln dieselben Zehner- und Einerziffern verwendet, nur mit der 2 als Hunderterziffer. Dadurch können auch alle Wiederholungen vermieden werden, und es brauchen nur die Änderungen gegenüber 5.11 behandelt zu werden.

Momentengleichgewicht um den Schwerpunkt:

$$J \cdot \ddot{\varepsilon} = S_V \cdot a_V \cdot \cos \lambda + (A_V - W_{RV}) \cdot a_V \cdot \text{sih}\, \lambda - S_H \cdot a_H \,.$$

Da auch hier für die Fahrzustände bei hoher Fahrgeschwindigkeit die Lenkwinkel λ nur klein sein werden, so kann auch für λ gelten

$$\cos \lambda = 1; \quad \sin \lambda = \lambda; \quad \delta \cdot \lambda = 0 \,. \tag{206d, e, f}$$

Damit wird dann

$$\boxed{J \cdot \ddot{\varepsilon} = S_V \cdot a_V - S_H \cdot a_H + (A_V - W_{RV}) \cdot a_V \cdot \lambda \,.} \tag{207}$$

Kräftegleichgewicht in Bahnrichtung (v)

$$(A_H - W_{RH} - W_S - W_B) \cdot \cos \delta + (A_V - W_{RV}) \cdot \cos (\delta + \lambda)$$
$$- S_V \cdot \sin (\delta + \lambda) - S_H \cdot \sin\delta = 0$$

und daraus mit (106) und (206), wobei auch für die Summe der Winkel $\delta + \lambda$ der Kosinus gleich Eins und der Sinus gleich der Winkelsumme gesetzt wird:

$$\boxed{A - \Sigma W = S \cdot \delta + S_V \cdot \lambda .} \tag{208}$$

Kräftegleichgewicht normal zur Bahnrichtung (v)

$$m \cdot v \cdot \dot{\gamma} = (A_V - W_{RV}) \cdot \sin(\delta + \lambda) + (A_H - W_{RH} - W_S - W_B) \cdot \sin \delta$$
$$+ S_V \cdot \cos (\delta + \lambda) + S_H \cdot \cos \delta$$

und daraus mit (106) und (206) wie oben

$$\boxed{m \cdot v \cdot \dot{\gamma} = (A - \Sigma W) \cdot \delta + S + (A_V - W_{RV}) \cdot \lambda \,.} \tag{211}$$

Hier (208) eingesetzt, ergibt

$$m \cdot v \cdot \dot{\gamma} = S \cdot \delta^2 + S_V \cdot \lambda \cdot \delta + S + (A_V - W_{RV}) \cdot \lambda \,.$$

Mit (106c) und (206f) wird daraus

$$m \cdot v \cdot \dot{\gamma} = S + (A_V - W_{RV}) \cdot \lambda \,. \tag{212}$$

Während die Formeln (113) auch hier gelten, gilt abweichend von (114) hier

$$\delta_V = \delta + \lambda - \Delta \delta_V \quad \text{und} \quad \delta_V = \delta + \lambda - \frac{a_V}{v} \cdot (\dot{\delta} + \dot{\gamma}) \,. \tag{214a}$$

Mit (113), (114b) und (214a) wird dann

$$S = S_V + S_H = k_V \cdot \delta + k_V \cdot \lambda - \frac{k_V \cdot a_V}{v} \cdot \dot{\delta} - \frac{k_V \cdot a_V}{v} \cdot \dot{\gamma}$$
$$+ k_H \cdot \delta + \frac{k_H \cdot a_H}{v} \cdot \dot{\delta} + \frac{k_H \cdot a_H}{v} \cdot \dot{\gamma}$$

und daraus mit den Formeln (116)

$$S = k_V \cdot \lambda + q_3 \cdot \delta - \frac{q_1}{v} \cdot \dot{\delta} - \frac{q_1}{v} \dot{\gamma} \,. \tag{215}$$

Gleichung (215) in (212) eingesetzt, ergibt

$$m \cdot v \cdot \dot{\gamma} = q_3 \cdot \delta - \frac{q_1}{v} \cdot \dot{\delta} - \frac{q_1}{v} \cdot \dot{\gamma} + (k_V + A_V - W_{RV}) \cdot \lambda$$

oder

$$\dot{\gamma} \cdot \left(m \cdot v + \frac{q_1}{v}\right) = q_3 \cdot \delta - \frac{q_1}{v} \cdot \dot{\delta} + (k_V + A_V - W_{RV}) \cdot \lambda$$

und schließlich

$$\dot{\gamma} = \frac{q_3 \cdot v}{m \cdot v^2 + q_1} \cdot \delta - \frac{q_1}{m \cdot v^2 + q_1} \cdot \dot{\delta} + \frac{v \cdot (k_V + A_V - W_{RV}) \cdot \lambda}{m \cdot v^2 + q_1} \tag{217}$$

und

$$\ddot{\gamma} = \frac{q_3 \cdot v}{m \cdot v^2 + q_1} \cdot \dot{\delta} - \frac{q_1}{m \cdot v^2 + q_1} \cdot \ddot{\delta}\,. \tag{218}$$

Aus (207) wird dann links $J \cdot \ddot{\varepsilon} = J \cdot \ddot{\delta} + J \cdot \ddot{\gamma}$ und rechts

$$J \cdot \ddot{\varepsilon} = k_V \cdot a_V \cdot \delta + k_V \cdot a_V \cdot \lambda - \frac{k_V \cdot a_V^2}{v} \cdot \dot{\delta} - \frac{k_V \cdot a_V^2}{v} \cdot \dot{\gamma}$$

$$- k_H \cdot a_H \cdot \delta - \frac{k_H \cdot a_H^2}{v} \cdot \dot{\delta} - \frac{k_H \cdot a_H^2}{v} \cdot \dot{\gamma} + (A_V - W_{RV}) \cdot a_V \cdot \lambda\,.$$

Mit (116) wird daraus

$$J \cdot \ddot{\varepsilon} = q_1 \cdot \delta - \frac{q_2}{v} \cdot \dot{\delta} - \frac{q_2}{v} \cdot \dot{\gamma} + (k_V + A_V - W_{RV}) \cdot a_V \cdot \lambda = J \cdot \ddot{\delta} + J \cdot \ddot{\gamma}$$

oder

$$J \cdot \ddot{\gamma} + \frac{q_2}{v} \cdot \dot{\gamma} = - J \cdot \ddot{\delta} - \frac{q_2}{v} \cdot \dot{\delta} + q_1 \cdot \delta + (k_V + A_V - W_{RV}) \cdot a_V \cdot \lambda\,. \tag{219}$$

Mit (217) und (218) wird aus der linken Seite von (219)

$$\frac{J \cdot q_3 \cdot v}{m \cdot v^2 + q_1} \cdot \dot{\delta} - \frac{J \cdot q_1}{m \cdot v^2 + q_1} \cdot \ddot{\delta} + \frac{q_2}{v} \cdot \frac{q_3 \cdot v}{m \cdot v^2 + q_1} \cdot \delta - \frac{q_2}{v} \cdot \frac{q_1}{m \cdot v^2 + q_1} \cdot \dot{\delta}$$

$$+ \frac{q_2}{v} \cdot v \cdot \lambda \cdot \frac{k_V + A_V - W_{RV}}{m \cdot v^2 + q_1}\,.$$

Wird dieser Ausdruck zusammen mit der rechten Seite von (219) geordnet, dann ergibt sich

$$\ddot{\delta} \cdot \left[J - \frac{J \cdot q_1}{m \cdot v^2 + q_1}\right] + \dot{\delta} \cdot \left[\frac{q_2}{v} + \frac{J \cdot q_3 \cdot v}{m \cdot v^2 + q_1} - \frac{q_1 \cdot q_2}{v \cdot (m \cdot v^2 + q_1)}\right]$$

$$+ \delta \cdot \left[\frac{q_2 \cdot q_3}{m \cdot v^2 + q_1} - q_1\right] = a_V \cdot \lambda \cdot (k_V + A_V - W_{RV}) - q_2 \cdot \lambda \cdot \frac{k_V + A_V - W_{RV}}{m \cdot v^2 + q_1}\,. \tag{220}$$

Setzt man hierfür allgemein

$$c_i \cdot \ddot{\delta} + c_r \cdot \dot{\delta} + c_e \cdot \delta = c_\lambda\,, \tag{221}$$

so ergeben sich die Koeffizienten c_i, c_r und c_e genauso wie in den Gleichungen (122) bis (124), während sich für das Störglied ergibt

$$c_\lambda = \lambda \cdot (k_V + A_V - W_{RV})^{\circ} \left(a_V - \frac{q_2}{m \cdot v^2 + q_1}\right). \tag{225}$$

5.22 Diskussion von Stör- und Zusatzglied

Der homogene Teil der Differentialgleichung (221) stimmt also mit der Differentialgleichung (121) vom Abschnitt 5.11, d. h. ohne Lenkeinschlag, überein. Durch das zusätzliche Störglied c_λ ergibt sich für die Lösungen nach Tabelle 2 noch das Zusatzglied gemäß Tabelle 4 zu $\varphi_z = a/c$ oder mit den hier geltenden Koeffizienten

$$\varphi_z = c_\lambda : c_e\,. \tag{226}$$

Die grundsätzlichen Betrachtungen der Beispiele von Abschnitt 5.15 ändern sich also nicht, lediglich der Verlauf $\delta = f(t)$ verschiebt sich um das Zusatzglied φ_z aus der ursprünglichen Gleichgewichtslage $\delta = 0$ heraus.

6. Die Fahrstabilität

In Ergänzung der Bodenstabilität sollen hier die Wirkungen der Luftkräfte und Momente mit berücksichtigt werden, weshalb diese zunächst betrachtet werden sollen.

6.1 Luftkräfte und Momente

Abgesehen von dem Luftwiderstand, der in Fahrzeuglängsachse der Fahrgeschwindigkeit entgegenwirkt, vgl. Formeln (14) und (15), machen sich bei Schräganströmung um einen Winkel β gegenüber der Fahrzeuglängsachse noch Luftkräfte und Momente bemerkbar. Diese Seitenwirkung der Luft läßt sich nun auf verschiedene Arten darstellen, je nachdem wie gemessen wird oder welches System im einzelnen bevorzugt wird. In Abb. 36 sind die 3 Methoden dargestellt. Links werden nur die auf die Fahrzeugachsen vorn und hinten wirkenden Seitenkräfte L_V und L_H angegeben. In der Mitte wird die gesamte Luftseitenkraft L, im Schwerpunkt angreifend, und das Luftdrehmoment M_L um die durch den Schwerpunkt gehende Hochachse angegeben. Rechts wird außer der Gesamt-Luftseitenkraft L noch der Angriffspunkt bzw. sein Abstand a_L vom Schwerpunkt angegeben. Gesamt-Luftseitenkraft und Luftdrehmoment sind natürlich in allen Systemen gleich, wie es die Formeln unter den Skizzen in Abb. 36 angeben. Damit kann man auch die Angaben von einem System ins andere umrechnen.

Bei Windstille besteht die relative Anblasegeschwindigkeit der Luft gegen den Wagen nur aus $-v$. Herrscht eine bestimmte Windgeschwindigkeit w, so setzt sie sich mit $-v$ zur relativen Windgeschwindigkeit w_{rel} nach Abb. 37 zusammen, wobei der relative Anblaswinkel β_{rel} ist. Bei Windstille und Fahrt mit Schräglaufwinkel δ ist

$$\beta_{rel} = \delta \quad \text{und} \quad w_{rel} = v\,. \tag{227a, b}$$

Für die vorliegenden Ableitungen soll Windstille vorausgesetzt werden. Die Kräfte und Momente werden durch Messungen in Windkanälen [4] ermittelt. Die Ergebnisse kommen in Kurven ähnlich Abb. 38 zur Darstellung. Daraus ergeben sich der Luftwiderstand W_L, vgl. (14) und (15),

$$W_L = c \cdot F \cdot q\,, \tag{228}$$

die Seitenkraft L der Luft

$$L = c_s \cdot F \cdot q \tag{229}$$

und das Seiten-Luftdrehmoment M_L

$$M_L = c_{ms} \cdot F \cdot q \cdot a\,. \tag{230}$$

Darin bedeutet

F = Fahrzeugquerschnitt als Projektion in Fahrzeuglängsachse in m²,

q = Staudruck in kp/m², $q = 0{,}5 \cdot \varrho \cdot w_{rel}^2$,

ϱ = Luftdichte in kp · s² · m⁻⁴, normal $\varrho = 0{,}125$.

w_{rel} = relative Luftgeschwindigkeit in m/s, vgl. Abb. 37,

a = Achsstand in m.

Aus Abb. 38 kann man auch erkennen, daß c_s und c_{ms} annähernd proportional mit dem Anblasewinkel β_{rel} anwachsen. Es wird daher gesetzt

$$c_s = c_L \cdot \beta_{\text{rel}} \tag{231}$$

und

$$c_{ms} = c_{mL} \cdot \beta_{\text{rel}} \,. \tag{232}$$

Wird außerdem in (231) die Luftdichte in ihrem normalen Wert 1/8 eingesetzt, dann wird $q = \left(\frac{w_{\text{rel}}}{4}\right)^2$, womit sich dann ergibt

$$L = c_L \cdot F \cdot \left(\frac{w_{\text{rel}}}{4}\right)^2 \cdot \beta_{\text{rel}} \tag{233}$$

und

$$M_L = c_{mL} \cdot F \cdot \left(\frac{w_{\text{rel}}}{4}\right)^2 \cdot a \cdot \beta_{\text{rel}} \,. \tag{234}$$

Für die angenommene Windstille wird daraus mit $w_{\text{rel}} = v$ und $\beta_{\text{rel}} = \delta$

$$L = c_L \cdot F \cdot \left(\frac{v}{4}\right)^2 \cdot \delta \,, \tag{233a}$$

$$M_L = c_{mL} \cdot F \cdot \left(\frac{v}{4}\right)^2 \cdot a \cdot \delta \,. \tag{234a}$$

6.2 Die Fahrstabilität ohne Lenkeinschlag

6.21 Der Ansatz der Gleichgewichtsbedingungen und die Ableitung der Differentialgleichung

Im Wagenschema, Abb. 39, sind zusätzlich zu Abb. 23 noch Luftkraft und Luftmoment mit eingetragen. Die Abb. 23b, c und d gelten hier unverändert. Ansatz und Ableitung sollen wieder analog Abschnitt 5.11 durchgeführt werden, wobei hier für die Formeln die 3 als Hunderterziffer verwendet wird.

Momentengleichgewicht um den Schwerpunkt:

$$\boxed{J \cdot \ddot{\varepsilon} = M_L + S_V \cdot a_V - S_H \cdot a_H \,.} \tag{307}$$

Kräftegleichgewicht in Bahnrichtung (v)

$$(A - W_R - W_L - W_S - W_B) \cdot \cos \delta - (S + L) \cdot \sin \delta = 0$$

und daraus mit (106)

$$\boxed{A - \Sigma W = S \cdot \delta + L \cdot \delta \,.} \tag{308}$$

Kräftegleichgewicht normal zur Bahnrichtung (v)

$$m \cdot v \cdot \dot{\gamma} = (A - \Sigma W) \cdot \sin \delta + (S + L) \cdot \cos \delta$$

und daraus mit (106)

$$\boxed{m \cdot v \cdot \dot{\gamma} = (A - \Sigma W) \cdot \delta + S + L \,.} \tag{311}$$

Wird hier für $A - \Sigma W$ Formel (308) eingesetzt, dann wird

$$m \cdot v \cdot \dot{\gamma} = (S + L) \cdot \delta^2 + S + L$$

und unter Berücksichtigung von (106c)

$$m \cdot v \cdot \gamma = S + L \,. \tag{312}$$

Hier die Seitenkräfte S nach (115) und (116) und die Luftkraft nach (233a) eingesetzt, ergibt mit

$$q_4 = \frac{c_L \cdot F}{16} \tag{316d}$$

und später

$$q_5 = \frac{c_{mL} \cdot F \cdot a}{16}\,, \tag{316e}$$

$$m \cdot v \cdot \dot{\gamma} = q_3 \cdot \delta - \frac{q_1}{v} \cdot \dot{\delta} - \frac{q_1}{v} \cdot \dot{\gamma} + q_4 \cdot v^2 \cdot \delta$$

oder

$$\dot{\gamma} \cdot \left(m \cdot v + \frac{q_1}{v}\right) = (q_3 + q_4 \cdot v^2) \cdot \delta - \frac{q_1}{v}\,\dot{\delta}$$

und schließlich

$$\dot{\gamma} = v \cdot \frac{q_3 + q_4 \cdot v^2}{m \cdot v^2 + q_1} \cdot \delta - \frac{q_1}{m \cdot v^2 + q_1}\,\dot{\delta} \tag{317}$$

und

$$\ddot{\gamma} = v \cdot \frac{q_3 + q_4 \cdot v^2}{m \cdot v^2 + q_1} \cdot \dot{\delta} - \frac{q_1}{m \cdot v^2 + q_1} \cdot \ddot{\delta}\,. \tag{318}$$

Aus (307) wird dann mit (113), (114) und (116) sowie (234a) mit (316e)

$$J \cdot \ddot{\delta} + J \cdot \ddot{\gamma} = q_1 \cdot \delta - \frac{q_2}{v} \cdot \dot{\delta} - \frac{q_2}{v} \cdot \gamma + q_5 \cdot v^2 \cdot \delta$$

oder

$$J \cdot \ddot{\gamma} + \frac{q_2}{v} \cdot \dot{\gamma} = -J \cdot \ddot{\delta} - \frac{q_2}{v} \cdot \dot{\delta} + (q_1 + q_5 \cdot v^2) \cdot \delta\,. \tag{319}$$

Werden hier (317) und (318) eingesetzt, so ergibt sich für die linke Seite von (319)

$$J \cdot v \cdot \frac{q_3 + q_4 \cdot v^2}{m \cdot v^2 + q_1} \cdot \dot{\delta} - \frac{J \cdot q_1}{m \cdot v^2 + q_1} \cdot \ddot{\delta} + \frac{q_2}{v} \cdot v \cdot \frac{q_3 + q_4 \cdot v^2}{m \cdot v^2 + q_1} \cdot \delta - \frac{q_2}{v} \cdot \frac{q_1}{m \cdot v^2 + q_1} \cdot \dot{\delta}\,.$$

Wird dieser Ausdruck zusammen mit der rechten Seite von (319) geordnet, dann ergibt sich

$$\ddot{\delta} \cdot \left[J - \frac{J \cdot q_1}{m \cdot v^2 + q_1}\right] + \dot{\delta} \cdot \left[\frac{q_2}{v} + J \cdot v \cdot \frac{q_3 + q_4 \cdot v^2}{m \cdot v^2 + q_1} - \frac{q_1 \cdot q_2}{v \cdot (m \cdot v^2 + q_1)}\right]$$
$$+ \delta \cdot \left[q_2 \cdot \frac{q_3 + q_4 \cdot v^2}{m \cdot v^2 + q_1} - q_1 - q_5 \cdot v^2\right] = 0\,. \tag{320}$$

Setzt man hierfür wieder allgemein

$$c_{iL} \cdot \ddot{\delta} + c_{rL} \cdot \dot{\delta} + c_{eL} \cdot \delta = 0\,, \tag{321}$$

so ergeben sich die Koeffizienten zu

$$c_{iL} = c_i = \frac{J \cdot m \cdot v^2}{m \cdot v^2 + q_1}\,, \tag{322}$$

$$c_{rL} = v \cdot \frac{m \cdot q_2 + J \cdot (q_3 + q_4 \cdot v^2)}{m \cdot v^2 + q_1}\,, \tag{323}$$

$$c_{eL} = \frac{q_2 \cdot (q_3 + q_4 \cdot v^2)}{m \cdot v^2 + q_1} - q_1 - q_5 \cdot v^2\,. \tag{324}$$

6.22 Diskussion der Koeffizienten im Vergleich zur Bodenstabilität, Abschnitt 5.12

Im Vergleich zu den Formeln (122) bis (124) kann man auch schreiben

$$c_{i\,L} = c_i\,, \tag{322a}$$

$$c_{r\,L} = c_r + \Delta c_{r\,L}\,, \tag{323a}$$

$$c_{c\,L} = c_c + \Delta c_{c\,L} \tag{324a}$$

mit

$$\Delta c_{r\,L} = \frac{J \cdot q_4 \cdot v^3}{m \cdot v^2 + q_1}\,, \tag{323b}$$

$$\Delta c_{c\,L} = \frac{q_2 \cdot q_4 \cdot v^2}{m \cdot v^2 + q_1} - q_5 \cdot v^2\,. \tag{324b}$$

Daran erkennt man, daß c_i von der Luft nicht beeinflußt wird. Der Einfluß der Luft auf die Dämpfungskonstante ist durch den Summanden $\Delta c_{r\,L}$ gegeben, in dem alle Größen des Zählers positiv sind, während der Nenner mit dem von c_r nach Formel (123) übereinstimmt. Sein Einfluß war im Abschnitt 5.12 ausführlich verfolgt worden, wobei Extremwerte bei so kleinen Fahrgeschwindigkeiten lagen, daß sie für die Fahrstabilität nicht interessieren. Darüber kann festgestellt werden, daß die Dämpfungskonstante durch die Wirkung der Luft erhöht wird. Für die Federkonstante besteht der Summand aus 2 Gliedern mit entgegengesetzten Vorzeichen. Für den 1. Summanden gilt sinngemäß dasselbe, wie vorstehend für $\Delta c_{r\,L}$ gesagt wurde. Durch den Subtrahenden $q_5 \cdot v^2$ ergibt sich eine Verringerung der Federkonstanten, d. h. ein früheres Erreichen der kritischen Geschwindigkeit bei $c_{c\,L} = 0$, wenigstens solange q_5 positiv bleibt. Wenn das Luftmoment den Wagen jedoch wie eine Windfahne in den Wind zu drehen versucht, dann ist q_5 negativ und das Luftmoment verstärkt dann die Wirkung der Luftkräfte durch Erhöhung von $c_{c\,L}$. Die im Schwerpunkt angreifende Luftseitenkraft vergrößert sowohl die Dämpfungskonstante c_r als auch die Federkonstante c_c; das Luftmoment dagegen wirkt sich nur auf die Federkonstante aus. Während also die Luft-Seitenkraft die Stabilität erhöht, so ergibt sich normalerweise durch das Luftmoment eine Verringerung der Stabilität. Man sollte daher wenigstens ein Luftmoment Null anstreben oder $c_{m\,L} \gtreqless 0$. Um ein negatives Luftmoment zu erhalten, wird man meist ausgedehnte Flossen [5] am Heck des Fahrzeuges anbringen müssen. Im nächsten Abschnitt sollen diese Verhältnisse am Beispiel verfolgt werden. Für das System nach Abb. 36 rechts mit einer Luft-Seitenkraft, die durch den Abstand ihres Angriffspunktes vom Schwerpunkt auch gleich das Luftmoment mit bestimmt, heißt also die Forderung, daß die Luft-Seitenkraft nicht vor dem Schwerpunkt angreifen soll.

Allgemein ist aber noch zu beachten, daß auch der parallel zur Fahrzeuglängsachse wirkende Luftwiderstand, wie in Abschnitt 3.2 ausgeführt, nach Formel (16) eine Verringerung der Vorderachslast und nach (18) eine gleiche Erhöhung der Hinterachslast bewirkt; dazu kann noch eine Vorderachsentlastung durch Auftrieb kommen. Sieht man vom Auftrieb ab, so ist die Achslast-Verlagerung dabei dieselbe wie sie durch entsprechende Steigungen oder Beschleunigungen, vgl. Beispiel Abschnitt 5.15, hervorgerufen wird.

6.23 Der zusätzliche Einfluß der Luft auf die Bodenstabilität der 3 Beispiele von Abschnitt 5.15

Verfolgt man zunächst die Auswirkung von $\Delta c_{r\,L}$ nach Formel (323b), so zeigt es sich, daß dieser Summand in allen Fällen etwa zwischen 3 und 10 liegt. Vergleicht man dazu Abb. 29, die für c_r Werte von 1600 bis unter 200 ausweist, so erkennt man, daß praktisch der Einfluß von Δc_{rL} vernachlässigt werden kann. Für unsere Beispiele war dabei angenommen $F = 2\ m^2$ und $c_L = 1{,}6$, so daß sich nach (316d) ergibt $q_4 = \frac{c_L \cdot F}{16} = 0{,}2$. Für das 1. Glied von Δc_{eL} nach Formel (324b) ergeben sich für die Beispiele Werte zwischen Null und 30. Vergleicht man diese Größe mit den c_e-Werten in Abb. 30, so erscheinen sie noch unbedeutender als Δc_{rL}. Da in Abb. 30 ja vor allem der Schnitt der Kurven mit der Abszisse interessiert, so erkennt man dort auch, daß sich durch die Erhöhung der Ordinatenwerte um 30 die kritische Geschwindigkeit selbst bei flachsten Verlauf der Kurven höchstens um 3 m/s erhöht. Es kann auch der Einfluß des 1. Gliedes von Δc_{eL} im allgemeinen vernachlässigt werden.

Um nun noch den Einfluß des Subtrahenten $q_5 \cdot v^2$ von Δc_{eL} nach (324b) verfolgen zu können, sei zunächst an Formel (316e) erinnert, wonach

$$q_5 = \frac{c_{mL} \cdot F \cdot a}{16}$$

ist. Für unsere Beispiele ($F = 2$; $a = 2$) wird daraus $q_5 = \frac{c_{mL}}{4}$. Praktische Werte von c_{mL} liegen zwischen 0,4 und 1,2. Für entsprechend geformte Fahrzeuge, insbesondere wenn sie mit genügend großen Heckflossen ausgerüstet sind, kann c_{mL} zu Null oder auch negativ werden. Es sollen deshalb die c_{mL}-Werte $-$ 0,5; 0; 0,5 und 1 verfolgt werden. Es handelt sich bei $q_5 \cdot v^2$ um Parabeln, deren Nullpunkt bei $v = 0$ auf der Abszisse liegt und deren Ordinaten bis $v = 50$ m/s ansteigen auf $-$ 312,5; $\pm$ 0; $+$ 312,5; $+$ 625. Von Abb. 30 wurde vom Beispiel 2 die Kurve für $b = -2\ m/s^2$ in Abb. 40 übernommen; es ist die mit $c_{mL} = 0$ bezeichnete Kurve, für die $v_{krit} = 32{,}5$ m/s ist. Durch ein Luftmoment entsprechend $c_{mL} = 1$ sinkt v_{krit} auf 27,5 m/s ab. Wenn es dagegen gelingt, durch Heckflossen ein $c_{mL} = -0{,}5$ zu erreichen, so erkennt man, daß es nur noch einen kritischen Geschwindigkeitsbereich um 54 m/s gibt, während höhere Geschwindigkeiten wieder stabil werden. Für $c_{mL} = -1$ würde sich bei $b = -2\ m/s^2$ keine kritische Geschwindigkeit mehr ergeben. Man sieht also an diesem Beispiel, daß es sich schon lohnt, negative Luftmomente bzw. eine hinter dem Schwerpunkt angreifende Luft-Seitenkraft zu verwirklichen.

Wenn man von der geringen Verbesserung der Stabilität durch die Luftseitenkraft absieht, kann man also feststellen, daß ein Fahrzeug dann luftstabil ist, wenn sein Luftmoment negativ ist, wenn es also vom Luftmoment wie eine Windfahne in den Wind gedreht werden möchte.

6.3 Die Fahrstabilität mit Lenkeinschlag

6.31 Der Ansatz der Gleichgewichtsbedingungen und die Ableitung der Differentialgleichung

Im Wagenschema, Abb. 41, sind zusätzlich zu Abb. 35 noch Luftkraft und Luftmoment hinzugefügt. Die Abb. 35b und c gelten hier unverändert. Ansatz und Ableitung werden analog Abschnitt 5.11 durchgeführt, wobei die Formeln die 4 als Hunderterziffer erhalten.

Momentengleichgewicht um den Schwerpunkt

$$J \cdot \ddot{\varepsilon} = M_L + S_V \cdot a_V \cdot \cos\lambda + (A_V - W_{RV}) \cdot a_V \cdot \sin\lambda - S_H \cdot a_H .$$

Mit (206) wird daraus

$$\boxed{J \cdot \ddot{\varepsilon} = M_L + S_V \cdot a_V - S_H \cdot a_H + (A_V - W_{RV}) \cdot a_V \cdot \lambda .} \qquad (407)$$

Kräftegleichgewicht in Bahnrichtung (v)

$$(A_H - W_{RH} - W_L - W_S - W_B) \cdot \cos\delta + (A_V - W_{RV}) \cdot \cos(\delta + \lambda)$$
$$- S_V \cdot \sin(\delta + \lambda) - S_H \cdot \sin\delta - L \cdot \sin\delta = 0$$

und daraus mit (106) und (206)

$$\boxed{A - \Sigma W = S \cdot \delta + L \cdot \delta + S_V \cdot \lambda\,.} \tag{408}$$

Kräftegleichgewicht normal zur Bahnrichtung (v)

$$m \cdot v \cdot \dot{\gamma} = (A_V - W_{RV}) \cdot \sin(\delta + \lambda) + (A_H - W_{RH} - W_L - W_S - W_B) \cdot \sin\delta$$
$$+ S_V \cdot \cos(\delta + \lambda) + S_H \cdot \cos\delta + L \cdot \cos\delta$$

und daraus mit (106) und (206)

$$\boxed{m \cdot v \cdot \dot{\gamma} = (A - \Sigma W) \cdot \delta + S + L + (A_V - W_{RV}) \cdot \lambda\,.} \tag{411}$$

Wird hier für $A - \Sigma W$ Formel (408) eingesetzt, dann wird

$$m \cdot v \cdot \dot{\gamma} = S \cdot \delta^2 + L \cdot \delta^2 + S_V \cdot \lambda \cdot \delta + S + L + (A_V - W_{RV}) \cdot \lambda\,.$$

Mit (106c) und (206f) wird daraus

$$m \cdot v \cdot \dot{\gamma} = S + L + (A_V - W_{RV}) \cdot \lambda\,. \tag{412}$$

Mit (113), (114b) und (214a) wird dann mit (116) genau wie (215)

$$S = k_V \cdot \lambda + q_3 \cdot \delta - \frac{q_1}{v} \cdot \dot{\delta} - \frac{q_1}{v} \cdot \dot{\gamma}\,. \tag{215}$$

In (412) eingesetzt mit (316d) und (233a)

$$m \cdot v \cdot \dot{\gamma} = q_3 \cdot \delta - \frac{q_1}{v} \cdot \dot{\delta} - \frac{q_1}{v} \cdot \dot{\gamma} + q_4 \cdot v^2 \cdot \delta + (k_V + A_V - W_{VR}) \cdot \lambda$$

oder

$$\dot{\gamma} \cdot \left(m \cdot v + \frac{q_1}{v}\right) = (q_3 + q_4 \cdot v^2) \cdot \delta - \frac{q_1}{v} \cdot \dot{\delta} + (k_V + A_V - W_{RV}) \cdot \lambda$$

und schließlich

$$\dot{\gamma} = v \cdot \frac{q_3 + q_4 \cdot v^2}{m \cdot v^2 + q_1} \cdot \delta - \frac{q_1}{m \cdot v^2 + q_1} \cdot \dot{\delta} + \frac{(k_V + A_V - W_{RV}) \cdot \lambda \cdot v}{m \cdot v^2 + q_1} \tag{417}$$

und

$$\gamma = v \cdot \frac{q_3 + q_4 \cdot v^2}{m \cdot v^2 + q_1} \cdot \dot{\delta} - \frac{q_1}{m \cdot v^2 + q_1} \cdot \ddot{\delta}\,. \tag{418}$$

Aus (407) wird dann mit (113), (114) und (116) sowie (234a) mit (316e)

$$J \cdot \ddot{\delta} + J \cdot \ddot{\gamma} = q_1 \cdot \delta - \frac{q_2}{v} \cdot \dot{\delta} - \frac{q_2}{v} \cdot \dot{\gamma} + (k_V + A_V - W_{RV}) \cdot a_V \cdot \lambda + q_5 \cdot v^2 \cdot \delta$$

oder

$$J \cdot \ddot{\gamma} + \frac{q_2}{v} \cdot \dot{\gamma} = - J \cdot \delta - \frac{q_2}{v} \cdot \dot{\delta} + (q_1 + q_5 \cdot v^2) \cdot \delta + (k_V + A_V - W_{RV}) \cdot a_V \cdot \lambda\,. \tag{419}$$

Werden hier (417) und (418) eingesetzt, so ergibt sich für die linke Seite von (419)

$$J \cdot v \cdot \frac{q_3 + q_4 \cdot v^2}{m \cdot v^2 + q_1} \cdot \dot{\delta} - \frac{J \cdot q_1}{m \cdot v^2 + q_1} \cdot \ddot{\delta} + \frac{q_2}{v} \cdot v \cdot \frac{q_3 + q_4 \cdot v^2}{m \cdot v^2 + q_1} \cdot \delta$$
$$- \frac{q_2}{v} \cdot \frac{q_1}{m \cdot v^2 + q_1} \cdot \dot{\delta} + \frac{q_2}{v} \cdot \frac{(k_B + A_V - W_{RV}) \cdot \lambda \cdot v}{m \cdot v^2 + q_1}\,.$$

Wird dieser Ausdruck zusammen mit der rechten Seite von (419) geordnet, dann ergibt sich

$$\ddot{\delta} \cdot \left[J - \frac{J \cdot q_1}{m \cdot v^2 + q_1}\right] + \dot{\delta} \cdot \left[\frac{q_2}{v} + J \cdot v \cdot \frac{q_3 + q_4 \cdot v^2}{m \cdot v^2 + q_1} - \frac{q_1 \cdot q_2}{v \cdot (m \cdot v^2 + q_1)}\right]$$

$$+ \delta \cdot \left[q_2 \cdot \frac{q_3 + q_4 \cdot v^2}{m \cdot v^2 + q_1} - q_1 - q_5 \cdot v^2\right] = \lambda \cdot (k_V + A_V - W_{RV}) \cdot \left(a_V - \frac{q_2}{m \cdot v^2 + q_1}\right). \quad (420)$$

Setzt man hierfür wieder allgemein

$$c_{iL} \cdot \ddot{\delta} + c_{rL} \cdot \dot{\delta} + c_{cL} \cdot \delta = c_\lambda , \quad (421)$$

so ergeben sich für die Koeffizienten

c_{iL} Formel (322) ; c_{rL} Formel (323);

c_{cL} Formel (324) ; c_λ Formel (325) .

6.32 Diskussion der Koeffizienten

Für die homogene Differentialgleichung gelten dieselben Koeffizienten wie im Abschnitt 6.2, so daß auch die Diskussion 6.22 hier gilt. Das Störglied stimmt mit dem des Abschnittes 5.2 überein, so daß bezüglich Stör- und Zusatzglied die Ausführungen von 5.22 gelten.

Die Grundlage der Fahrstabilität bildet also die Bodenstabilität nach 5.1, wie sie besonders in den Beispielen 5.15 zu erkennen ist. Der Einfluß der Luftkräfte überlagert sich nach 6.22 und 6.23, während sich die zusätzliche Verschiebung durch den Lenkeinschlag nach 5.2 und 6.3 ergibt.

Literatur

[1] TSCHUDAKOW, E. A., FRICK, E.: Der Einfluß der Seitenelastizität der Räder auf die Bewegung des Fahrzeuges. VEB Verlag Technik, Berlin 1953.

[2] JANTE, A., Fahrtmechanik. Abschnitt 3.1 im Automobiltechnischen Handbuch, 18. Auflage, Technischer Verlag Herbert Cram, Berlin 1963.

[3] DAIMLER-BENZ, zitiert in „Untersteuern – Übersteuern", Motor-Rundschau (1959) Heft 2, S. 55.

[4] JANTE, A., Kraftfahrtmechanik, Teil 1. B. G. Teubner Verlagsgesellschaft, Leipzig 1955.

[5] BARTH, R., Der Einfluß unsymmetrischer Anströmung auf die Luftkräfte an Fahrzeugmodellen und ähnlichen Körpern. ATZ (1960) Heft 3, S. 80/85 und Heft 4, S. 89/95.

[6] Deutsche Kraftfahrtforschung und Straßenverkehrstechnik. VDJ-Verlag GmbH Düsseldorf, insbesondere:
P. KOESSLER, M. MITSCHKE, H.-J. BEERMANN, H. v. BRUCHHAUSEN: Heft 127;
F. GAUSS, H. WOLFF: Heft 133;
M. MITSCHKE: Heft 135;
W. KAMM, W. KOENNECKE: Heft 137;
G. BODE: Heft 146;
G. FREUDENSTEIN: Heft 152.

Weitere Literatur in [2] zu Abschnitt 3.1.

Abbildungen zu Jante

Die Grundlagen der Fahrstabilität

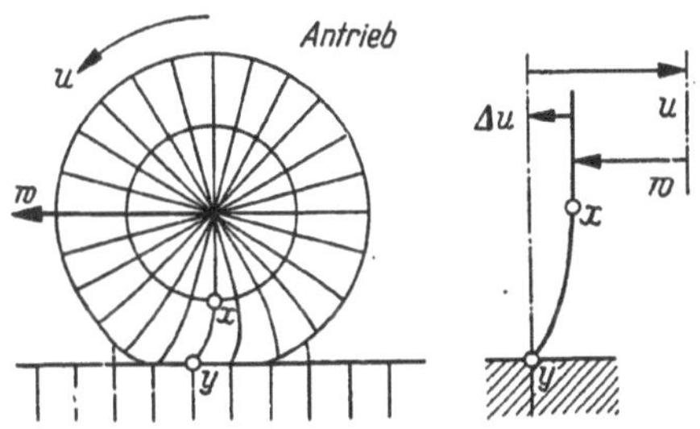

Abb. 1. Antreibendes elastisches Rad

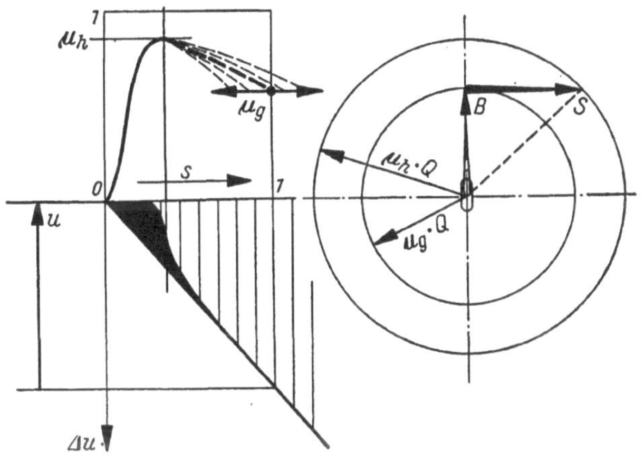

Abb. 2. Links oben: Kraftschlußbeiwert, Schlupf-Diagramm; links unten: Verteilung des Schlupfes auf Formänderung und Gleiten; rechts: Kraftschlußkreise

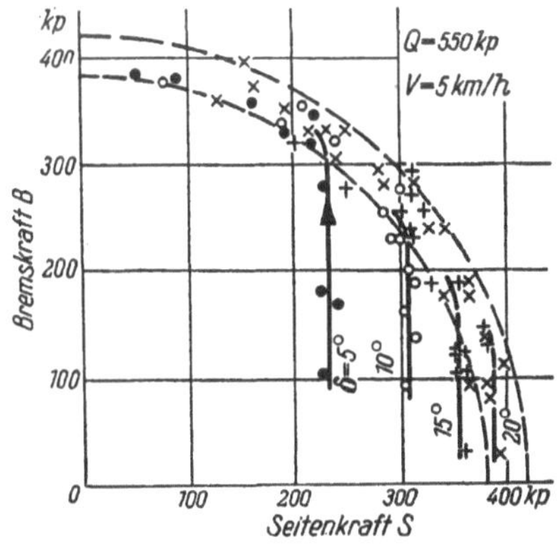

Abb. 3. Gleichzeitig übertragbare Brems- und Seitenkräfte

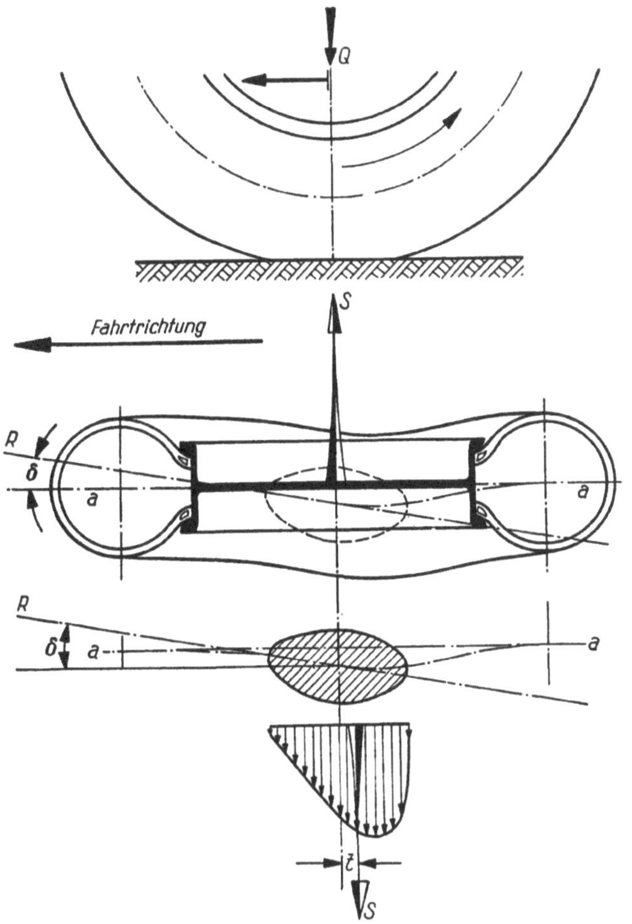

Abb. 4. Schräglaufendes Rad, schematisch

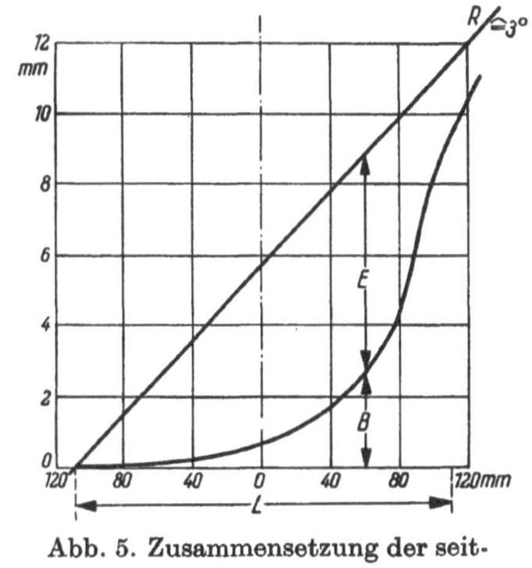

Abb. 5. Zusammensetzung der seitlichen Auslenkung aus elastischer Verformung E und Bewegung relativ zur Fahrbahn B

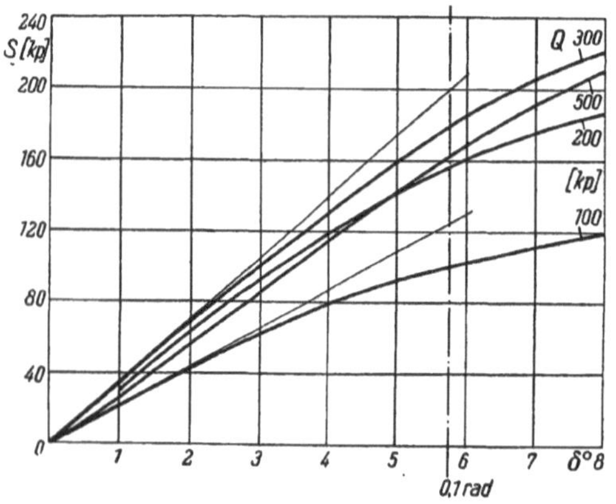

Abb. 6. Seitenkraft S in Abhängigkeit vom Schräglaufwinkel für verschiedene Radbelastungen Q

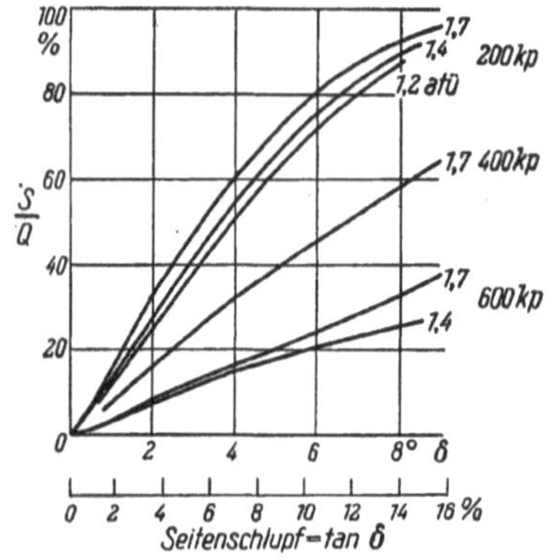

Abb. 7. Verhältnis Seitenkraft zu Radbelastung über dem Schräglaufwinkel für verschiedene Radbelastungen

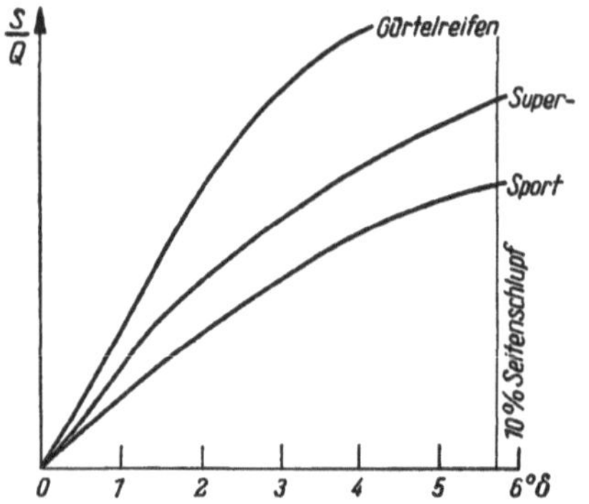

Abb. 8a. Unterschiedlicher Kurvenanstieg verschiedener Reifenkonstruktionen

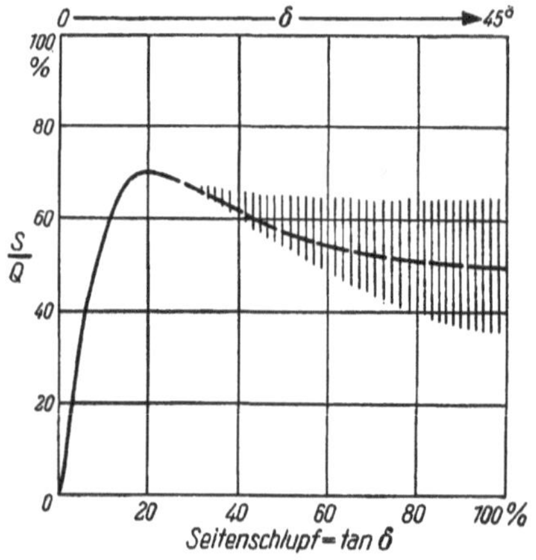

Abb. 8b. Seitenkraftbeiwert über dem Seitenschlupf

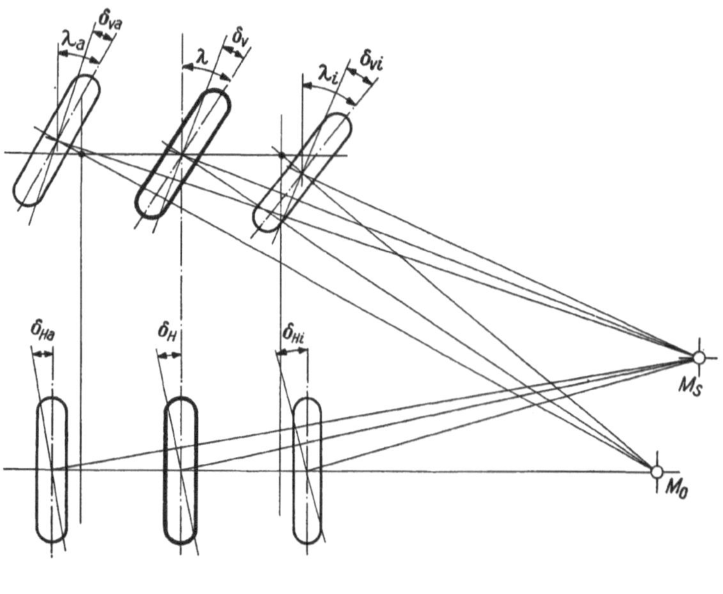

Abb. 9. Kraftwagen in der Kurve

Kurvenmittelpunkt M_0: geometrisch, ohne Schräglaufwinkel

Kurvenmittelpunkt M_s: mit Schräglaufwinkeln, Mittelräder entsprechen dem Einspur-Ersatz-Schema

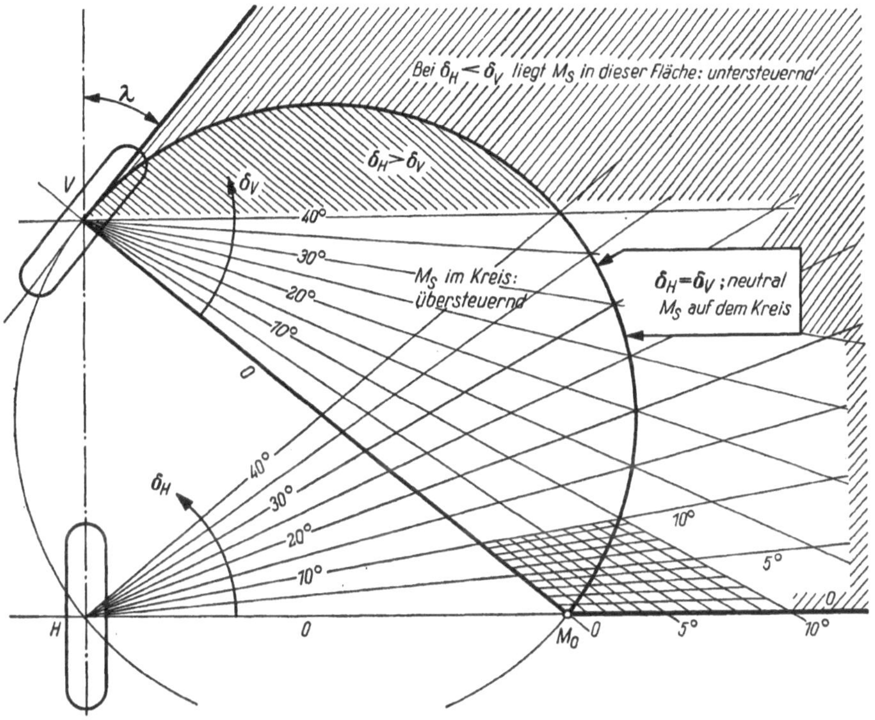

Abb. 10. Die Lage des Kurvenmittelpunktes in Abhängigkeit von den Schräglaufwinkeln der Vorder- und Hinterachse für das Einspur-Ersatzschema

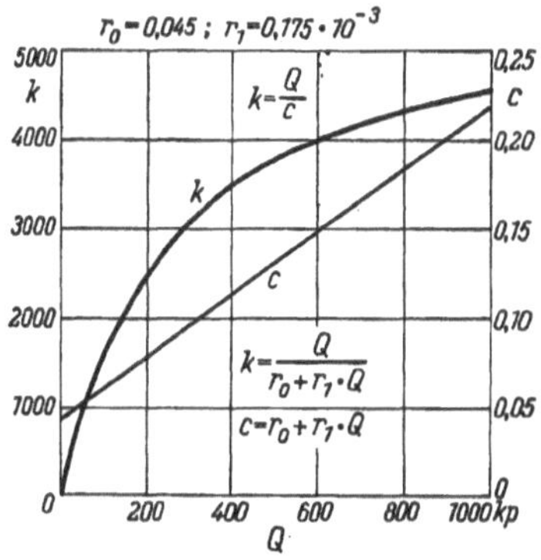

Abb. 11. Die Seitenkraft-Belastungsgrundwerte über der Belastung Q

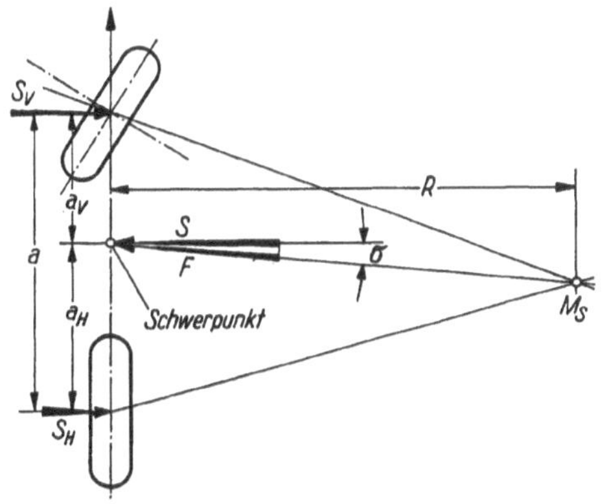

Abb. 12. Verteilung der Seitenkraft auf die Achsen

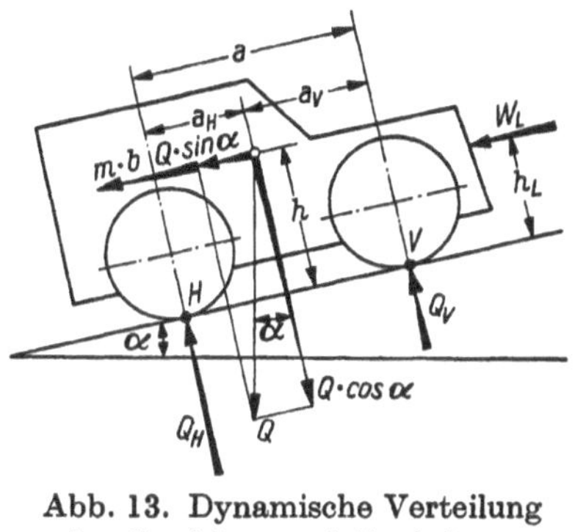

Abb. 13. Dynamische Verteilung des Gewichtes auf die Achsen

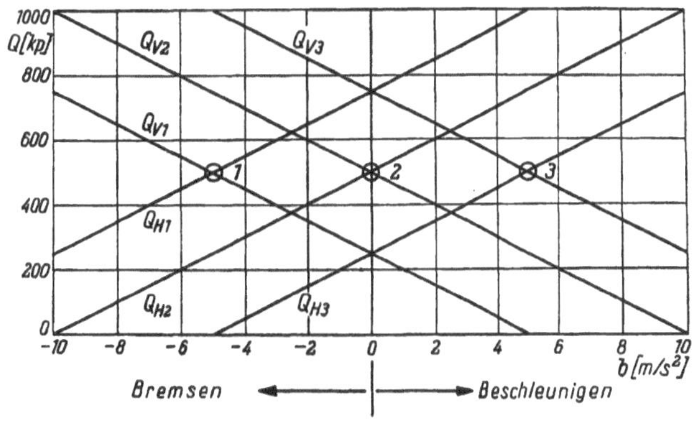

Abb. 14. Achslasten der drei Beispiele über der Beschleunigung

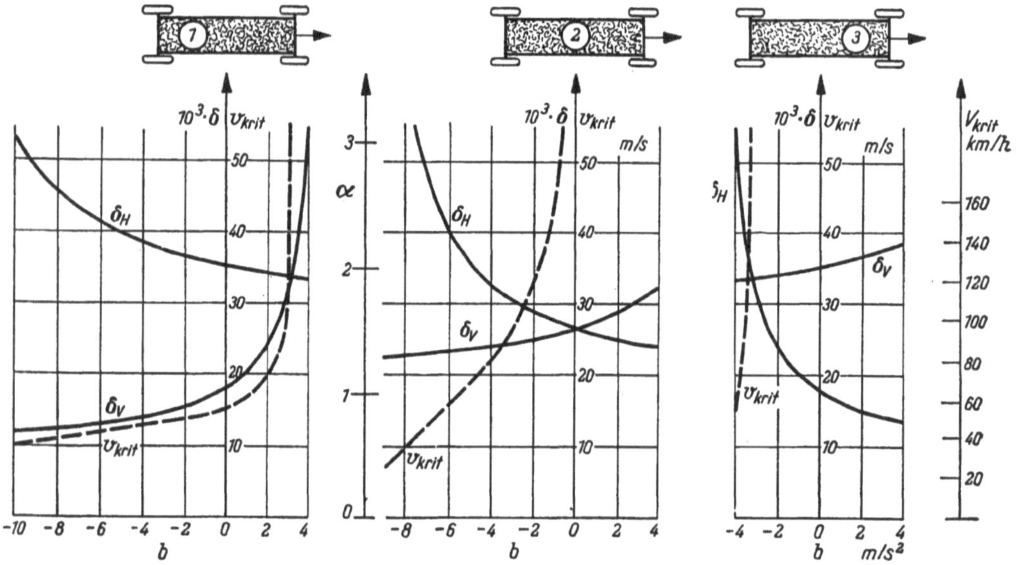

Abb. 16. Die Schräglaufwinkel der Vorder- und Hinterachse und die kritischen Geschwindigkeiten über der Beschleunigung für die drei Beispiele mit unterschiedlicher Schwerpunktlage. Die Schwerpunktlage ist oben im Wagengrundriß durch den Kreis mit der Beispielnummer angegeben

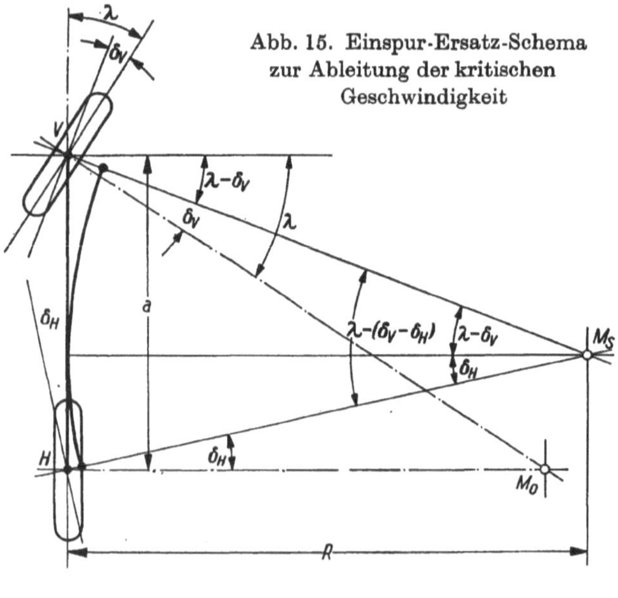

Abb. 15. Einspur-Ersatz-Schema zur Ableitung der kritischen Geschwindigkeit

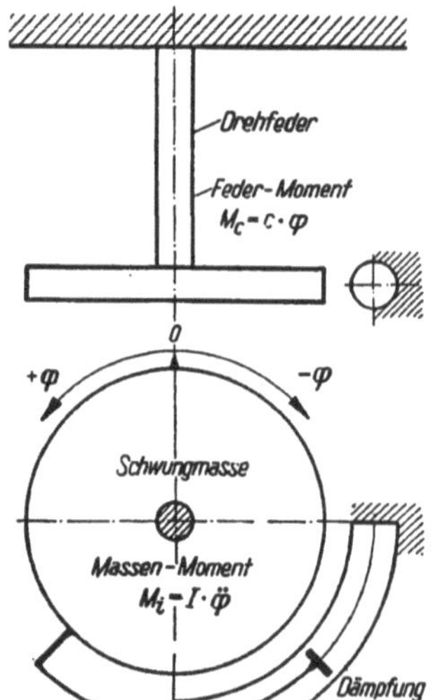

Abb. 18. Gedämpfter Drehschwinger

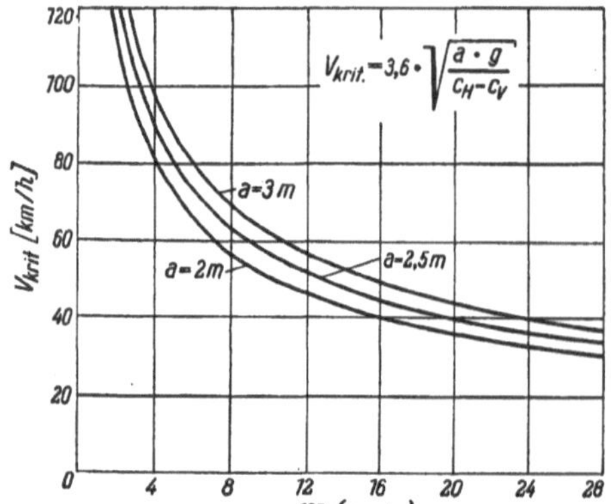

Abb. 17. Nomogramm für die kritische Geschwindigkeit

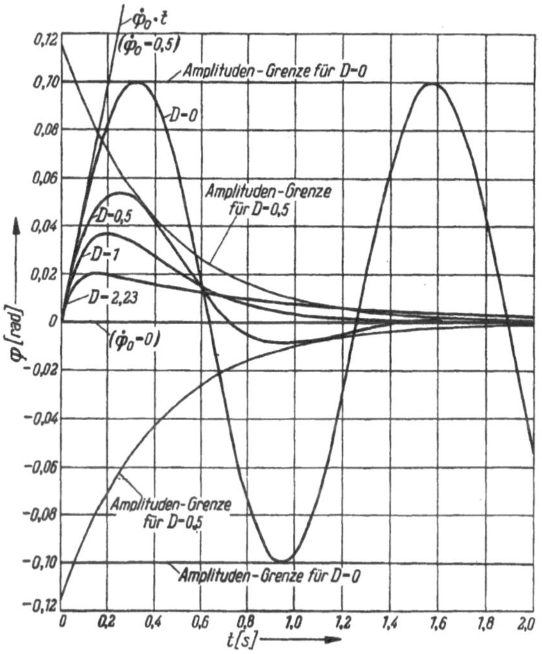

Abb. 19. Winkelausschlag, Zeit-Diagramme von Drehschwingern unterschiedlicher Dämpfung

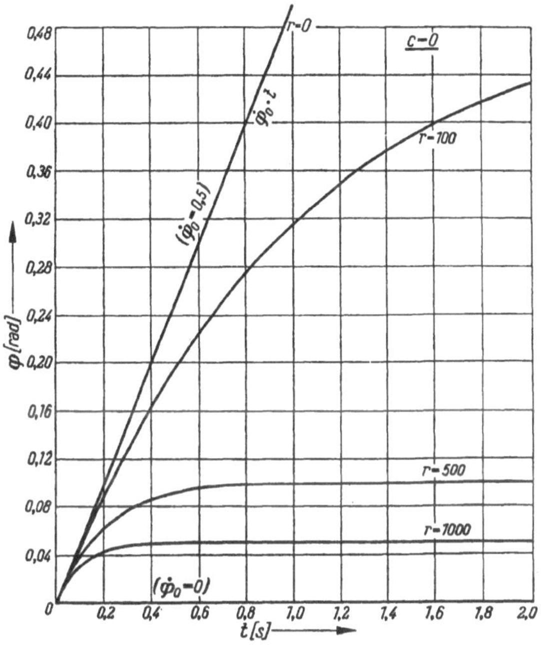

Abb. 20. Winkel, Zeit-Diagramme für Federkonstante Null

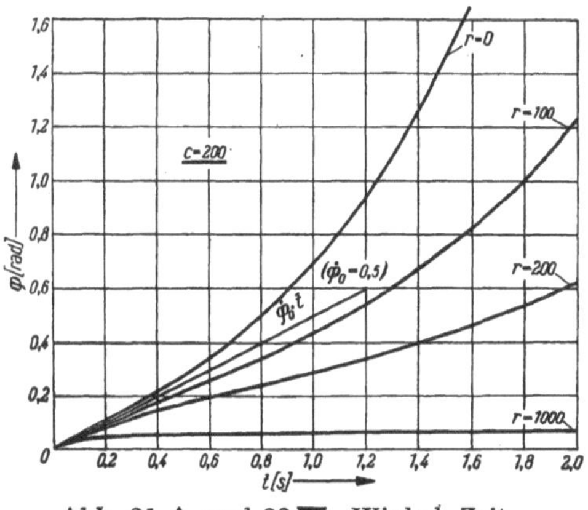

Abb. 21 ▲ und 22 ▼. Winkel, Zeit-Diagramme für negative Federkonstanten

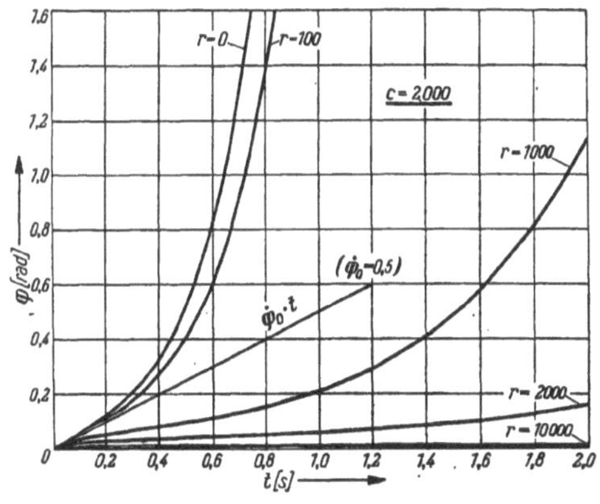

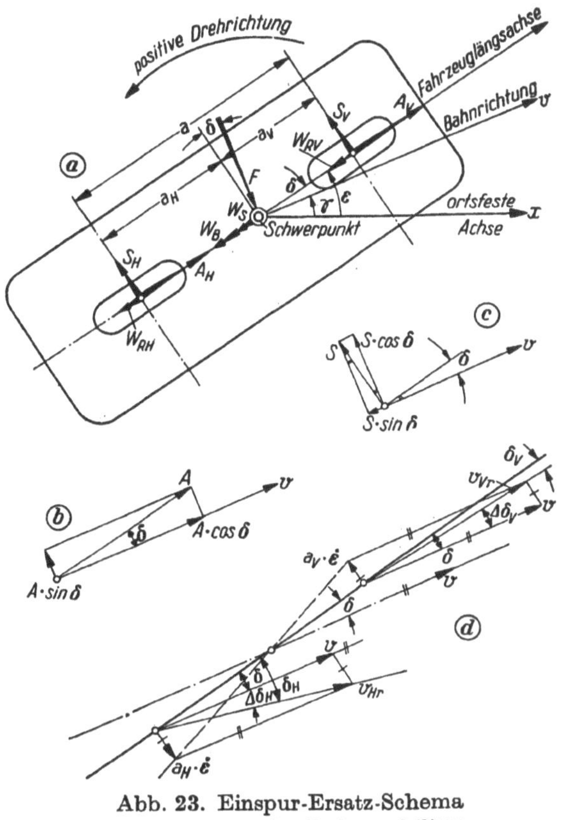

Abb. 23. Einspur-Ersatz-Schema zur Ableitung der Bodenstabilität

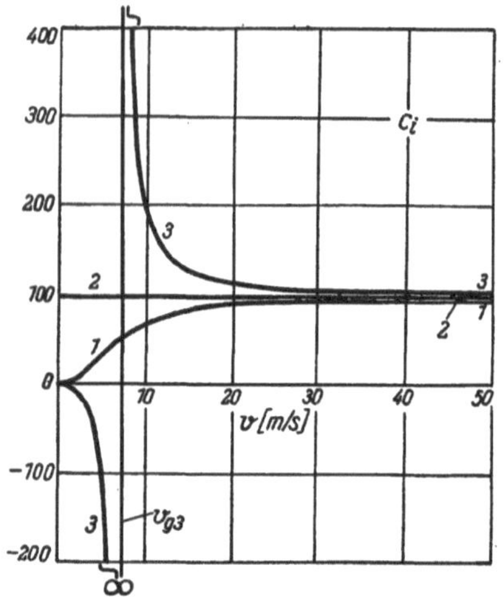

Abb. 24. Trägheitskonstante für drei Beispiele über der Fahrgeschwindigkeit

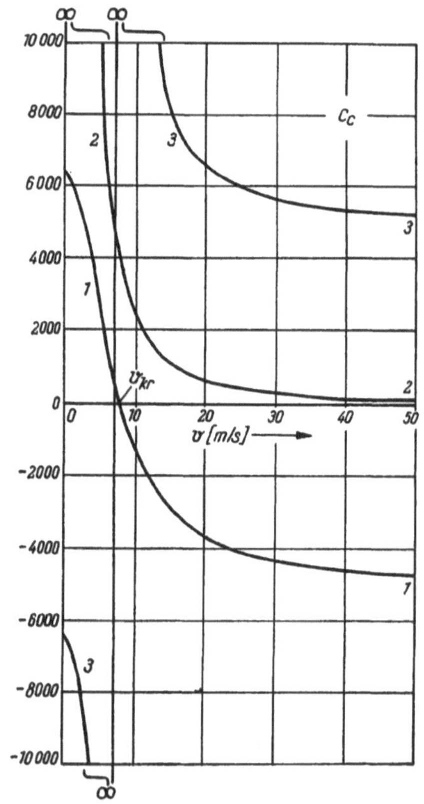

Abb. 26. Federkonstante für drei Beispiele über der Fahrgeschwindigkeit

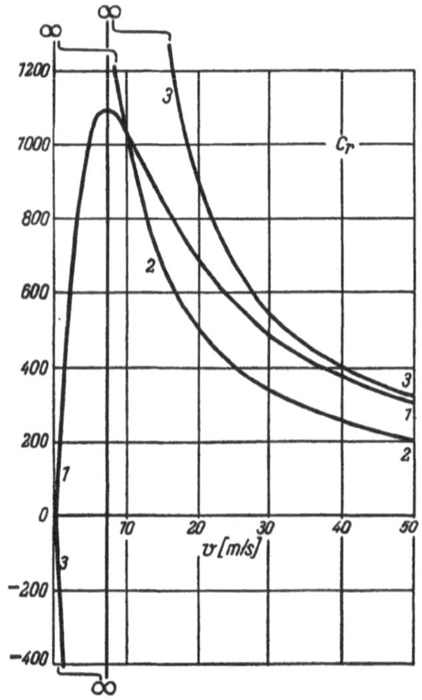

Abb. 25. Dämpfungskonstante für drei Beispiele über der Fahrgeschwindigkeit

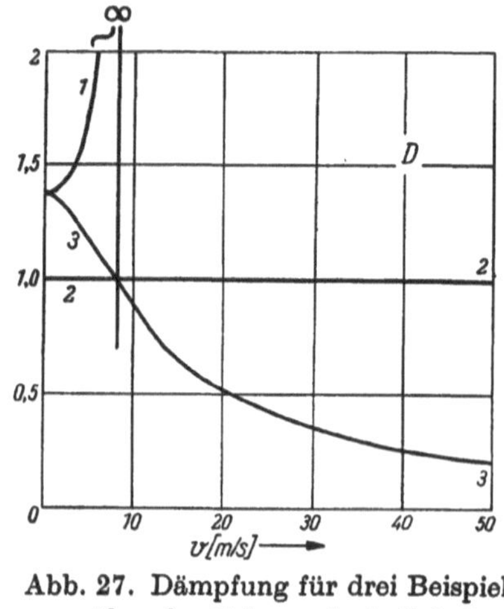

Abb. 27. Dämpfung für drei Beispiele über der Fahrgeschwindigkeit

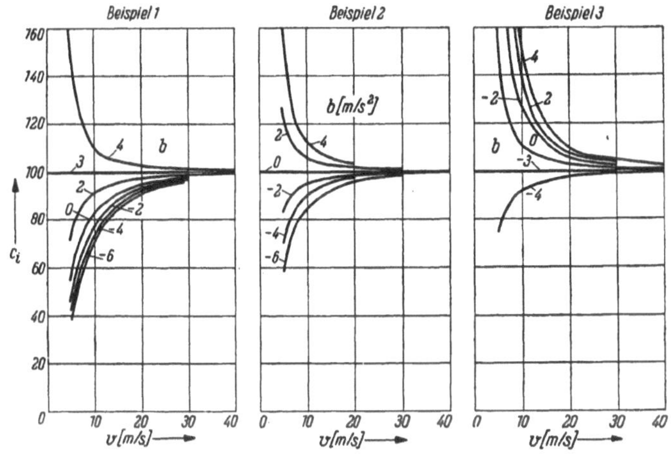

Abb. 28. Trägheitskonstante für die drei Beispiele für verschiedene Beschleunigungen

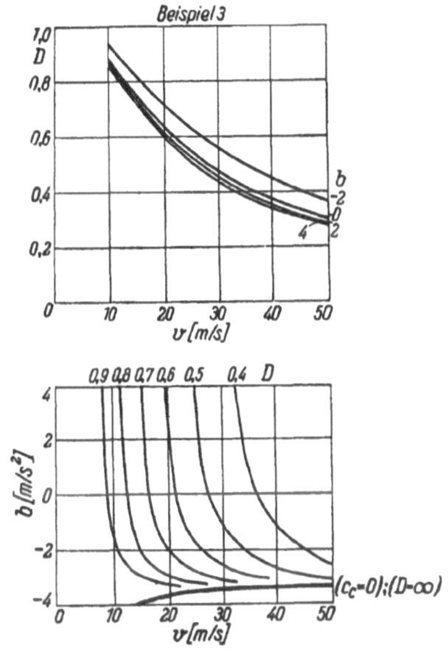

Abb. 32. Die Dämpfung für Beispiel 3

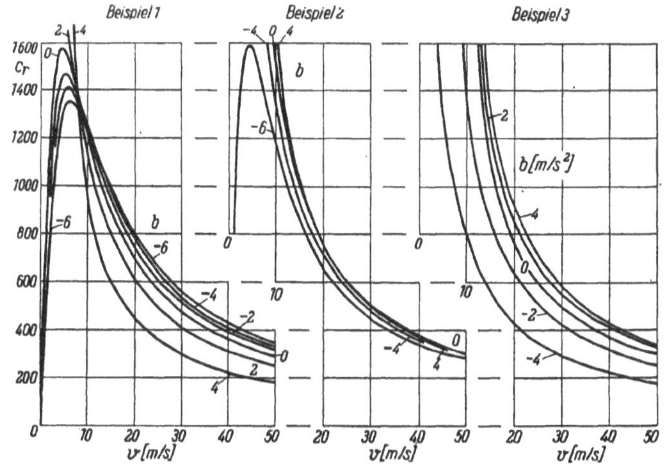

Abb. 29. Dämpfungskonstante für die drei Beispiele für verschiedene Beschleunigungen

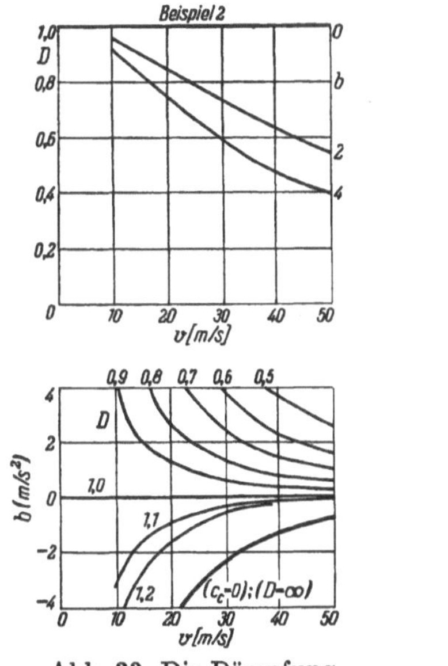

Abb. 33. Die Dämpfung für Beispiel 2

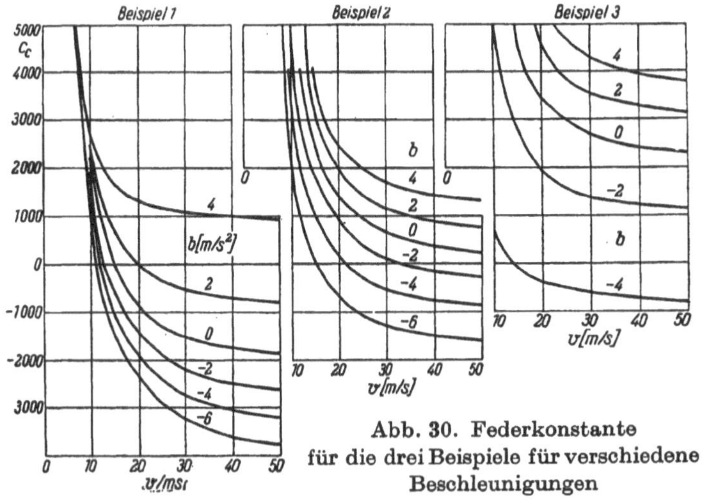

Abb. 30. Federkonstante für die drei Beispiele für verschiedene Beschleunigungen

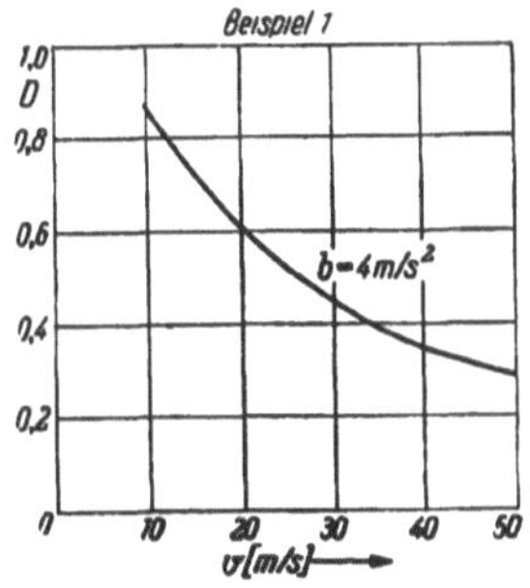

Abb. 34. Die Dämpfung für Beispiel 1

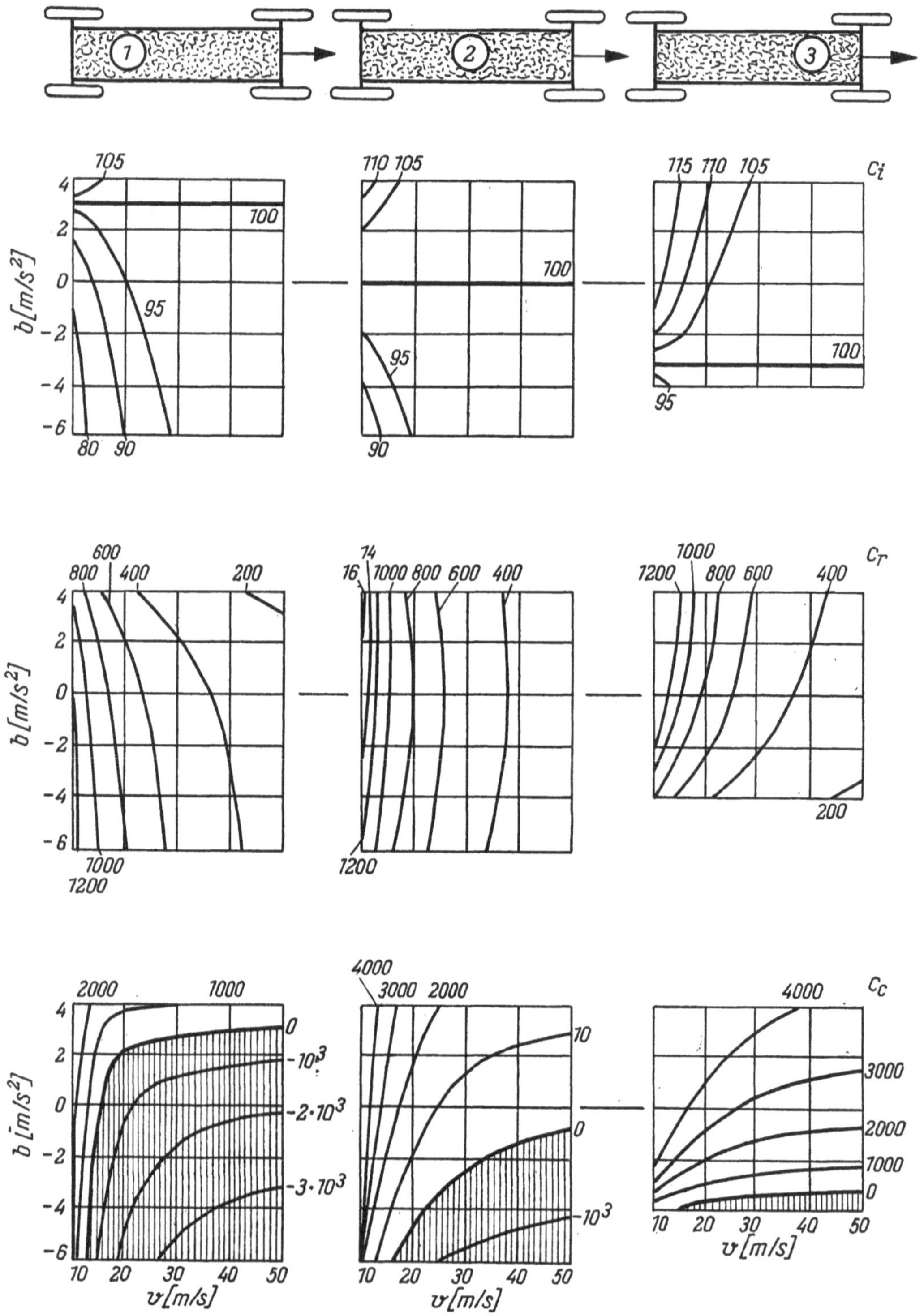

Abb. 31. Kurven konstanter Werte der Trägheitskonstante c_i, der Dämpfungskonstante c_r und der Federkonstante c_c im Beschleunigungs, Geschwindigkeits-Diagramm für die drei Beispiele. Die Schwerpunktslage ist oben im Wagengrundriß durch den Kreis mit der Beispielnummer angegeben

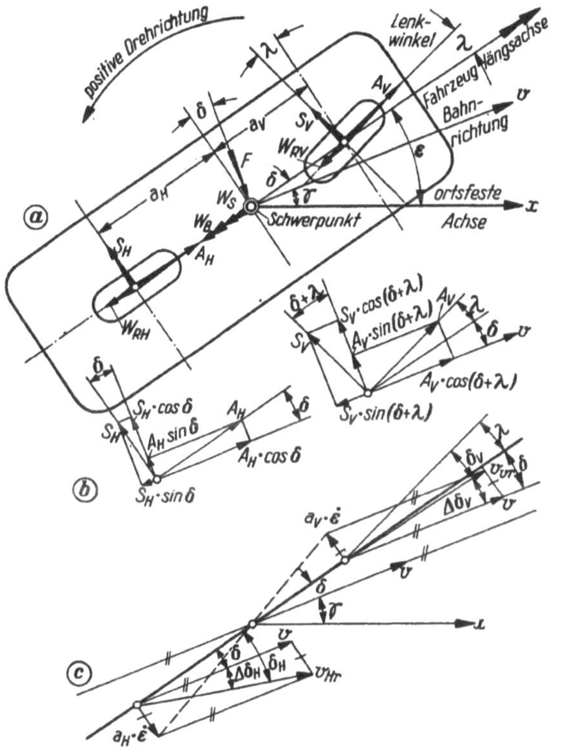

Abb. 35. Einspur-Ersatz-Schema mit Lenkeinschlag zur Ableitung der Bodenstabilität

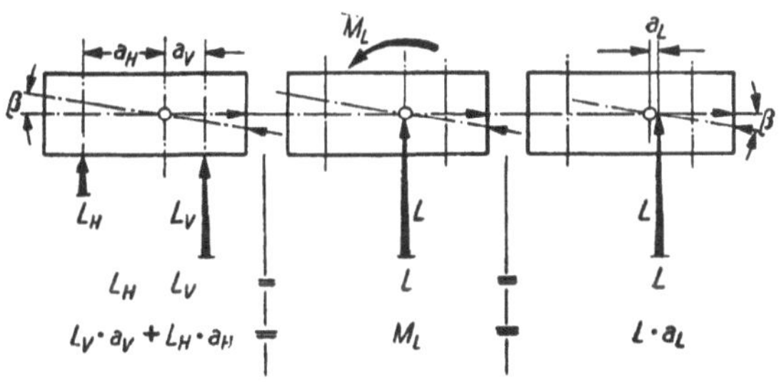

Abb. 36. Verschiedene Methoden zur Kennzeichnung der Lufteinwirkung bei Schräganblasung

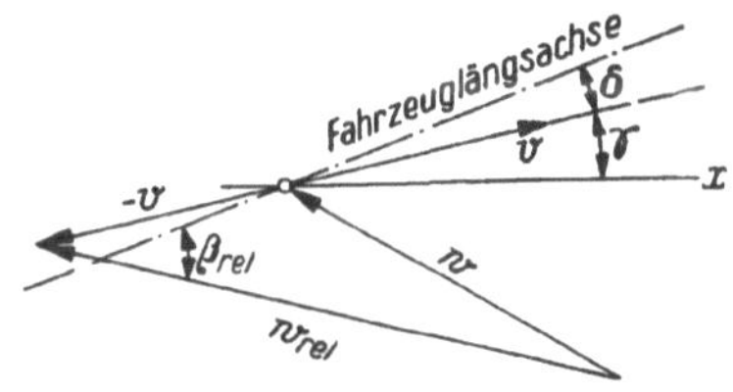

Abb. 37. Zur Ermittlung der relativen Luftgeschwindigkeit und Anblaswinkel

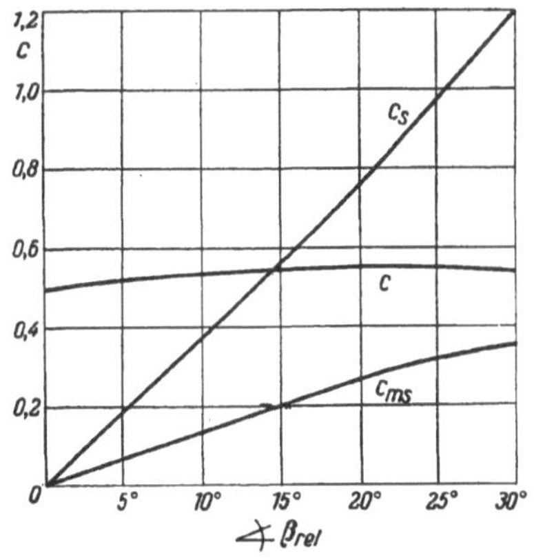

Abb. 38. Ergebnisse einer Windkanaluntersuchung für Schräganblasung, Beispiel

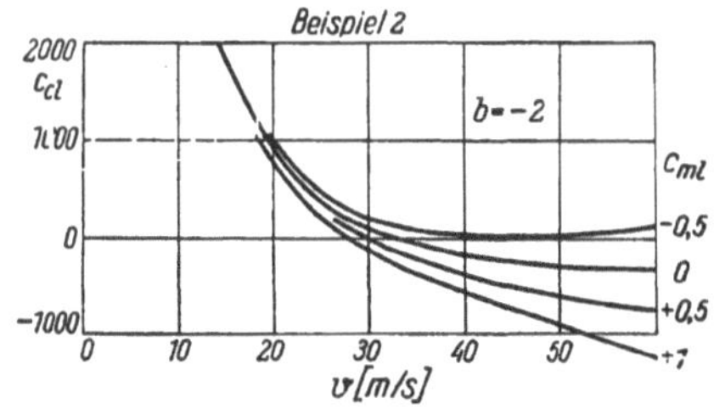

Abb. 40. Federkonstante für Beispiel 2 und $b = -2$ für verschiedene Luftmomenten-Proportionalitäts-Konstanten $c_{m\,l}$

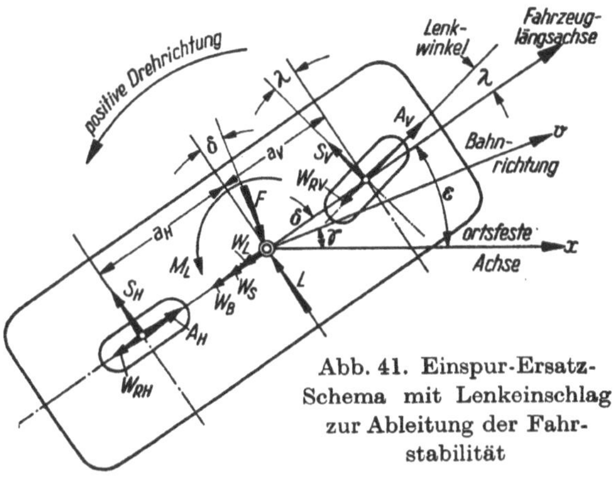

Abb. 41. Einspur-Ersatz-Schema mit Lenkeinschlag zur Ableitung der Fahrstabilität

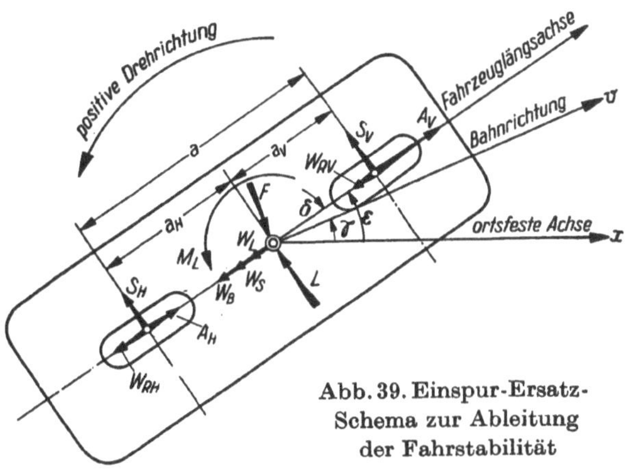

Abb. 39. Einspur-Ersatz-Schema zur Ableitung der Fahrstabilität

FSC
www.fsc.org
MIX
Papier | Fördert gute Waldnutzung
FSC® C083411

Kolibri 360 GmbH
Ferdinand-Jühlke-Straße 7
99095 Erfurt, Deutschland
produktsicherheit@kolibri360.de